电子线路板设计与制作

主　编　鲁子卉　高　锐

副主编　林卓彬　马　骏

参　编　王雪丽　宫丽男

北京理工大学出版社
BEIJING INSTITUTE OF TECHNOLOGY PRESS

内 容 简 介

本书是为高职高专院校自动化系相关专业的"电子线路板设计与制作""电子电气 CAD""电子 EDA 技术"等专业课程及相关专业课程而专门编写的教材。本教材的创新之处是：以实际电路板设计与制作的过程为导向，以培养学生从事本专业职业岗位中的电子产品辅助设计工作所必需的专业核心能力为目标，以典型产品案例或学生创新作品作为教材项目，有针对性和实用性地组织了电路板设计与制作的教材内容。将电路板设计过程、制作及工艺与 Altium Designer 20 软件操作有机地融为一体，突出培养人才的专业能力、实际解决问题能力和职业素养，满足高等职业教育教学改革的新需求。

图书在版编目（ＣＩＰ）数据

电子线路板设计与制作 / 鲁子卉，高锐主编. —— 北京：北京理工大学出版社，2023.12

ISBN 978 - 7 - 5763 - 3274 - 2

Ⅰ. ①电… Ⅱ. ①鲁… ②高… Ⅲ. ①印刷电路 – 计算机辅助设计 – 应用软件 Ⅳ. ①TN410.2

中国国家版本馆 CIP 数据核字（2023）第 253913 号

责任编辑：张鑫星　　　文案编辑：张鑫星
责任校对：周瑞红　　　责任印制：施胜娟

出版发行 / 北京理工大学出版社有限责任公司
社　　址 / 北京市丰台区四合庄路 6 号
邮　　编 / 100070
电　　话 / （010）68914026（教材售后服务热线）
　　　　　　（010）63726648（课件资源服务热线）
网　　址 / http://www.bitpress.com.cn

版 印 次 / 2023 年 12 月第 1 版第 1 次印刷
印　　刷 / 唐山富达印务有限公司
开　　本 / 787 mm×1092 mm　1/16
印　　张 / 15.25
字　　数 / 344 千字
定　　价 / 72.00 元

前　言

现代电气自动化技术与电子工业迅速发展，与其相关的电子线路板设计与制作生产工艺变得至关重要。掌握这门技术更是从事电气自动化技术与电子信息相关职业岗位所要求的基本技能。

本教材采用项目式编写模式，将电子线路板设计、制作及工艺与 Altium Designer 20 软件有机地融为一体，突出培养人才的专业能力、实际解决问题能力和职业素养，满足高等职业教育教学改革的新需求。教材中每个项目都由"项目目标、项目描述、项目分析、项目实施、项目练习"五部分组成，而且在每个"项目实施"阶段都划分为几个相对独立又前后紧密衔接的工作任务，每个任务又由"任务描述、任务目标、任务实施、任务知识"四部分组成。这样从简单到复杂、由设计到修改和验证的教材内容组织形式，符合学生的认知规律，使学生可以在任务的引领下、在完成项目的过程中逐步培养专业技能和职业素养。

本书由长春职业技术学院鲁子卉、高锐担任主编，长春职业技术学院林卓彬、马骏担任副主编，长春职业技术学院王雪丽、官丽男参编。作者参加编写的教材内容分别是：鲁子卉编写项目 1，高锐编写项目 2 和项目 3，林卓彬编写项目 4，马骏与王雪丽共同编写项目 5 任务 5.1，官丽男编写项目 5 任务 5.2。本教材由鲁子卉、高锐统一规划和统稿，在编写和出版本书的过程中，得到北京理工大学出版社的大力支持，在此表示衷心的感谢。

由于电子线路板设计软件与制作工艺的快速更新、现代电子技术的飞速发展和编者自身水平与编写时间所限，书中如有不足之处，敬请广大读者和同行提出宝贵意见和建议。

编　者

目 录

项目 1

稳压电源电路板设计与制作

本项目以稳压电源为例，详细介绍使用 Altium Designer 20（以后简称 AD）软件进行原理图绘制、电子线路板（简称电路板）设计的基本操作方法和单层电子线路板的制作方法。具体内容包括设置 AD 软件工作环境、原理图元器件基本操作、连接线路、编译原理图、生成报表文件、设计电子线路板的工作流程、电子线路板基础知识、设置电子线路板文件工作环境参数、规划电路板、元件布局、电子线路板布线规则、元件布线、设计规则检查、单层电子线路板的制作工艺流程等知识和技巧。主要掌握根据具体要求设计并制作单层电子线路板。

项目目标

能正确新建电子线路板项目文件、原理图文件、电子线路板文件和各种报表文件；能设计符合格式要求的原理图文件和电子线路板文件；能正确放置、修改原理图元件及相关对象并设置其属性；能正确进行原理图电气规则检查；能正确设计单层电子线路板的工作层；能正确设置及修改电子线路板文件中的元件封装和相关对象的属性；能正确应用电子线路板布局的常用原则进行合理的布局；能根据要求正确设置布线规则；能正确生成和打印与原理图和电子线路板相关的常用报表文件；能正确应用热转印工艺制作单层电子线路板。

项目描述

稳压电源是一种电压与电流连续可调、稳压与稳流自动转换的高精度直流稳定电源，输出电压从 0 V 开始起调，在额定范围内任意选择，限流保护点可任意选择，输出电源能在额定范围内连续可调。本项目的可调直流稳压开关电源接入由变压器输出的交流电压，经整流电路后输出 ±15 V 和 ±12 V 的直流脉动电压，并在电路中的三端集成稳压器件的输入端和输出端接入了低频和高频滤波电容，防止电路产生自激振荡，因而具备交、直流兼容输入功能，而且输入电压范围宽。与传统电源相比较，具有体积小、质量轻、效率高等优点，适用于大专院校、科研、实验室、机关单位等。

本项目设计的具体要求是：使用 AD 软件新建并编辑电子线路板项目文件“稳压电源 . PrjPcb”、原理图文件“原理图 . SchDoc”、电子线路板文件“单层板 . PcbDoc”；其中的特殊元件使用自制原理图元件和自制封装；设计外形尺寸为 120 mm×80 mm 的单层电子线路板；使用热转印法制作稳压电源单层电子线路板。图 1-1 所示为稳压电源单层电子线路板。

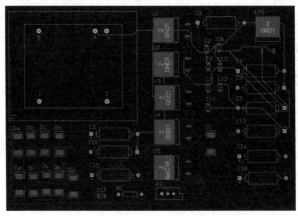

图 1 – 1　稳压电源单层电子线路板

项目分析

本项目的稳压电源电路以可调输出三端集成稳压器件 LM317 为核心元件，输入端接由变压器输出的交流电压，经整流电路后输出直流脉动电压，输出 ±15 V、±12 V、+5 V 电压。根据稳压电源工作原理和对原理图、电子线路板及单层板制作的具体要求，由此确定了本项目实施的方法：使用 AD 软件进行原理图绘制和电子线路板设计，使用热转印法制作简单的单层电子线路板。

任务 1.1　绘制稳压电源原理图

新建电子线路板项目文件"稳压电源 . PrjPcb"和原理图文件"原理图 . SchDoc"。在此文件中进行工作环境设置、放置元器件、设置元器件属性、调整元器件布局、连接线路、编译原理图文件、生成元器件清单和网络表文件等操作。

任务 1.2　设计稳压电源电路板

在当前项目文件中新建电子线路板文件"单层板 . PcbDoc"，在此文件中进行设置单层板外形和板层、用原理图更新 PCB 文件、设置布线规则、元件布局与布线、设计规则检查、生成工作层文件和报表文件等操作。

任务 1.3　制作稳压电源电路板

按照热转印工艺的操作流程，制作符合项目要求的稳压电源的单层电子线路板。

项目实施

任务 1.1　绘制稳压电源原理图

任务描述

本任务要求根据图 1 – 2 所示稳压电源原理图新建电子线路板项目文件"稳压电源

. PrjPcb"、原理图文件"原理图 . SchDoc"。具体的设计要求是：使用 A4 图纸；图纸方向设为横向；图纸底色设为默认；标题栏设为 ANSI 模式；栅格形式设为线状的且颜色设为 199 色号，元件使用系统元件；进行原理图编译并修改；生成元器件清单和网络表文件。

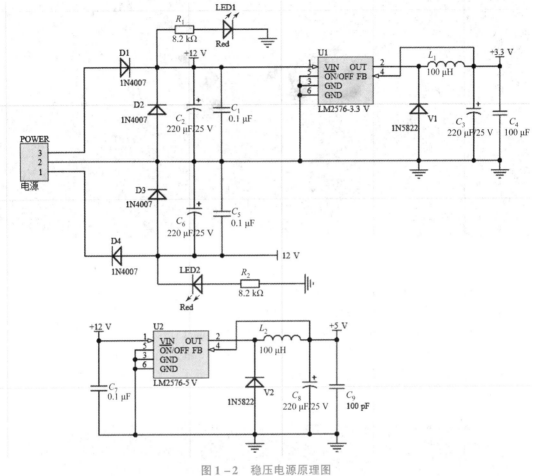

图 1 - 2　稳压电源原理图

任务目标

　　使用 AD 软件绘制稳压电源原理图，为执行下一个任务做好准备。通过完成本任务，学生掌握根据要求绘制简单的电路原理图的操作方法。由于本任务的原理图中使用的元器件比较少且比较常用，线路连接也比较简单，因此本任务中使用的元件都是 AD 软件提供的系统集成元件库中元件。

任务实施

1. 启动 AD 软件

　　在 Windows "开始"菜单中单击"Altium Designer 20"，AD 软件启动并弹出如图 1 - 3 所示 AD 工作环境界面。

图 1 - 3　AD 工作环境界面

2. 新建项目文件并保存

单击"文件"菜单，选择"新的"→"项目"命令，弹出如图 1 - 4 所示"Create Project"对话框。选择"Local Projects"选项，再选择"Project Type"列表框中"PCB"→"Default"选项。选择好后保存路径，单击"Create"按钮，完成新建项目文件。此时在"Projects"面板中会显示新建的项目文件，如图 1 - 5 所示。"保存项目文件"对话框如图 1 - 6 所示。

图 1 - 4　"Create Project"对话框

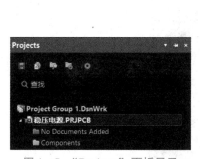

图 1-5　"Projects" 面板显示
新建的项目文件

图 1-6　"保存项目文件"对话框

3. 新建原理图文件并保存

单击"文件"菜单，选择"新的"→"原理图"命令，新建一个原理图文件，同时打开原理图编辑器进入原理图文件窗口，如图 1-7 所示。在弹出的"保存原理图文件"对话框中输入文件名"原理图"，文件类型默认为".SchDoc"。单击"文件"菜单，选择"保存"命令，以当前默认原理图名保存。或单击"文件"菜单，选择"另存为"命令，扩展名为".SchDoc"，在弹出的对话框中重新命名和更改保存路径即可。

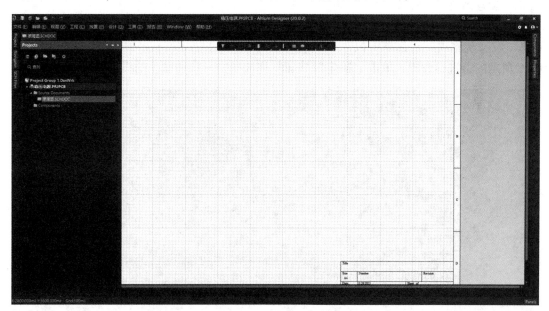

图 1-7　原理图文件窗口

4. 设置原理图图纸选项

单击原理图窗口右下角的 Panels 按钮，在弹出的快捷菜单中选择"Properties"命令，弹出如图 1-8 所示的"Properties"面板，此面板自动固定于窗口右侧边界处。在此面板中显示搜索相应的条目，此面板中有"General""Parameters"两个标签。按图 1 – 8 所示内容进行设置。"General"标签中选择 A4 图纸、横向图纸方向，图纸底色设为默认；标题栏设为 ANSI 模式。

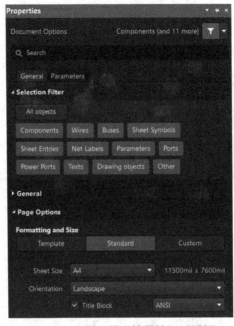

图 1 – 8 "原理图文档属性"对话框

5. 设置系统工作环境

单击"工具"菜单，选择"原理图优先项"命令，弹出如图 1 – 9 所示"优选项"对话框。在"优选项"对话框中包含 11 个选项，单击"Schematic"选项中的"Grids"，按图 1 – 9 所示内容进行设置。单击"确定"按钮，完成栅格形状和颜色的设置操作。

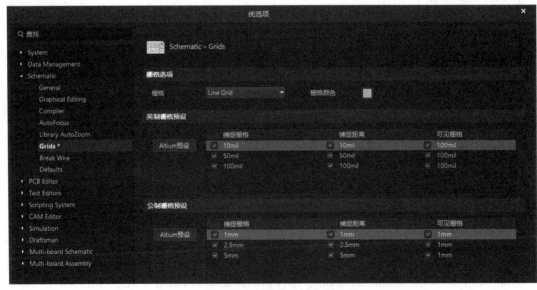

图 1 – 9 "优选项"对话框

6. 系统元件库

单击"Components"面板右侧图标▤，在弹出的快捷菜单中选择"File – based Librar-ies Preferences"命令，弹出如图 1 – 10 所示"Available File – based Libraries"对话框。

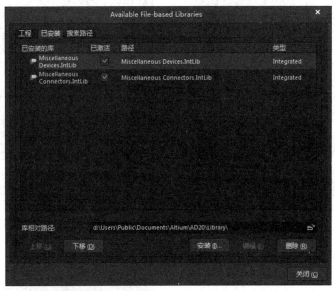

图 1 – 10　"Available File – based Libraries"对话框

7. 放置系统元件 D1、D2、D3、D4、$C_1 \sim C_9$、R_1、R_2

切换到原理图编辑环境，单击工作区右侧的"Properties"面板，在元件库选项框中选择基本元件库"Miscellaneous Devices. IntLib"；在元件筛选框中输入"D"，从出现的下拉元件列表中选择"DIODE"元件；拖动此元件到当前原理图中；双击此元件，在右侧的属性面板中设置："Designator"文本框中输入元件标识"D1"，"Comment"文本框中输入"1N4007"，单击"Footprint"选项框右侧的下拉列表按钮，选择默认元件封装，即完成二极管 D1 的放置和属性设置操作。用上述方法放置元件 D2、D3、D4、$C_1 \sim C_9$、R_1、R_2 并设置它们的属性。

8. 放置 LM2576 等元件

在基本元件库中找到元件"Volt Reg"并放置在当前原理图中，按图 1 – 11 所示修改其引脚。双击此元件，在其属性面板中单击"Pin"标签，单击▤图标，使其变为▤，即解锁引脚。选中当前元件右侧引脚，按图 1 – 11 所示内容重新设置引脚名称和标识。用上述方法，按图 1 – 12 和图 1 – 13 所示内容设置其余两个引脚名称和标识。

9. 放置原理图中其他对象

在原理图空白处右击，在弹出的快捷菜单中选择"放置"→"电源端口"命令，此时光标上方出现电源符号，移动光标到合适位置处单击，放置此符号，右击结束放置操作。双击这个符号，在其右侧的属性面板中按图 1 – 14 所示内容设置。在此对话框的"Name"文本框中输入此电源符号的名称"+5V"。

图 1-11　修改 LM2576 元件引脚 1

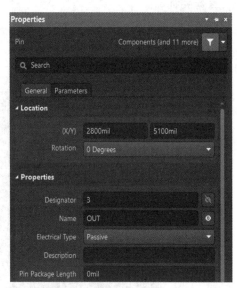

图 1-12　修改 LM2576 元件引脚 2

图 1-13　修改 LM2576 元件引脚 3

图 1-14　"电源端口"属性面板

10. 调整原理图中的对象位置

单击元件 D1，此时元件 D1 随光标一起移动，拖动光标到合适的位置处并单击，即实现了移动元件 D1 位置的操作。用相同的方法，调整原理图中其余元件位置。在空白处右击，结束调整位置操作。

11. 连接线路

在原理图空白处右击，在弹出的快捷菜单中选择"放置"→"线"命令，此时箭头光标下方出现十字形，进入连接线路状态。

（1）将光标放在 D2 的引脚 1 上，此时光标下方出现一个红色小米字符号，即系统捕获到了电气结点，此时光标不动，单击 D2 的引脚 1，确定此次绘制导线的起点。操作结果如图 1－15（a）所示。

（2）拖动光标，此时有导线的预拉线随光标一起移动。向左侧并沿水平拖动光标一小段距离后单击，确定导线第一个拐点。操作结果如图 1－15（b）所示。

（3）再向上拖动光标，确定导线第二个拐点。向右侧拖动光标，当与 D1 的引脚 1 连接时单击，确定此次绘制导线的终点。操作结果如图 1－15（c）所示。

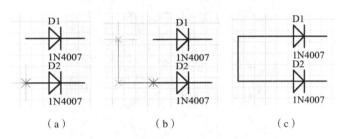

（a）   （b）   （c）

图 1－15   连接 D1 与 D2 线路过程

（4）此时仍处于绘制导线状态，用上述的操作方法继续绘制原理图中其他导线，直到完成原理图中所有对象的连接。

12. 保存文件

光标指向当前原理图工作区"Projects"面板中的当前项目文件，右击，在弹出的快捷菜单中选择"Save"命令。

13. 编译项目

单击"工程"菜单，选择"Compile PCB Project"命令，系统即会执行编译原理图操作。完成编译原理图操作后的检测结果会出现在"Messages"面板中，单击主窗口右下角的 Panels 按钮，打开"Messages"对话框，如图 1－16 所示。此对话框中的 □ [Warning] 形式的信息是警告信息，可以不修改。

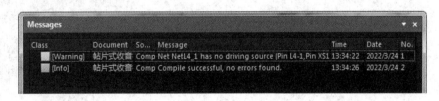

图 1－16   "Messages"对话框

14. 生成网络表文件

单击"设计"菜单，选择"文件的网络表"→"Protel"命令。此时在"Projects"面板当前项目文件列表中自动添加了"Generated"文件夹及其下级"Netlist Files"文件夹，此处存放当前原理图对应的网络表文件（.Net）。双击此网络表文件，弹出如图 1－17 所示网络表文件窗口。

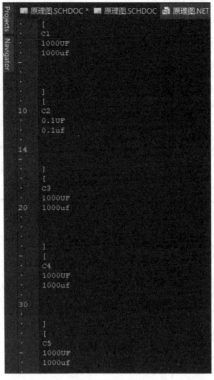

图1-17　网络表文件窗口

15. 生成并打印原理图元器件清单

单击"报告"菜单，选择"Bill of Materials"命令，弹出如图1-18所示"Bill of Materials for Project"对话框。此对话框左侧选项区显示元件列表，右侧的"Properties"选项区包括"General"和"Columns"两个标签，用于设置元件报表的内容与格式。

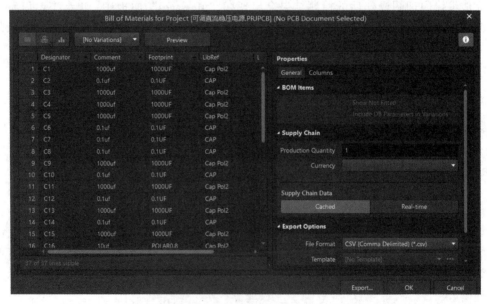

图1-18　"Bill of Materials for Project"对话框

任务知识

现在，电子线路板已经极其广泛地应用在电子产品的生产制造中，没有电子线路板就没有现代电子信息产业的高速发展。因此，熟悉电子线路板的基本知识、掌握原理图和电子线路板基本设计方法和制作工艺、了解其生产过程，是学习电子技术相关知识与技能的基本要求。电子线路板的简称是 PCB（Printed Circuit Board）。通常在绝缘基材上按预定的设计制成的印制线路、印制元件或两者组合而成的导电图形，统称印制线路。而在绝缘基材上提供元器件之间电气连接的导电图形，称为印制电路。把印制电路或印制线路的成品板称为电子线路板，亦称印制板或印制线路板。AD 软件是 Altium 公司的新一代全线的桌面板级设计系统，具备了当前所有先进的设计特点，能够应对各种复杂的 PCB 设计过程。此软件包括原理图设计、电子线路板设计、混合信号电路仿真、信号完整性分析、布线规则设计、拓扑自动布线和计算机辅助制造输出等设计模块和功能。

本任务主要介绍使用 AD 软件绘制原理图的操作流程；AD 软件的主要功能、窗口构成、系统工作环境参数设置和原理图编辑环境参数设置；新建及保存项目文件、原理图文件及相关文件；原理图集成元件库管理；在原理图中查找元件、放置元件、编辑元件属性、放置其他对象；绘制原理图中实用图形；原理图中对象连接、布局、更新流水号；编译原理图文件并进行修改；生成及打印相关报表文件。

Altium Designer 是一个功能强大的应用电子开发环境，包含完成设计项目所需的所有高级设计工具。主要功能包括：通过网页浏览器捕获设计讨论；与世界上任何地方用户共同协作，可以确保用户始终保持同步；制造商协作，发布个人的制造和装配数据，并使制造合作伙伴能够直接在浏览器中查看和评论个人的制造输出数据；嵌入式查看器，为用户提供前所未有的身临其境、完全交互式的设计体验；统一接口，功能强大的应用电子开发环境，包括完成设计项目所需的所有高级设计工具；全局编辑，通过灵活而强大的全局编辑工具快速找到、过滤和更改元件；多通道和分层设计，将任何复杂大型或多通道设计简化为可管理的逻辑块；交互式布线，高级布线引擎；3D 可视化；实时 BOM 管理，提供元件信息进行自动化管理；零部件搜索；多板装配，多板设计确保外壳中多个板子之间有序排列和配合；自动化项目，提供了一个受控的自动化设计发布流程以确保文档易于生成、数据完整且易于交流；专业的 PCB 文档处理。

1.1.1   电子线路板设计流程

1. 电子线路板设计与制作总体流程

学生首先要了解电子线路板设计与制作的总体流程，以便从整体上掌握实际 PCB 设计与制作的操作步骤，理解原理图在电路板设计中的作用。电子线路板设计与制作流程如图 1 – 19 所示。

2. 原理图绘制流程

原理图的具体绘制流程如图 1 – 20 所示。

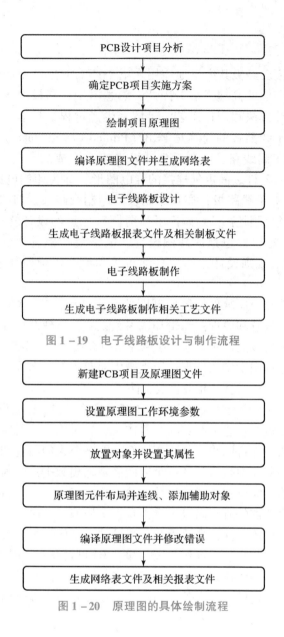

图 1-19 电子线路板设计与制作流程

图 1-20 原理图的具体绘制流程

1.1.2 AD 软件主窗口

单击"开始"菜单中的程序项"Altium Designer 20"或双击桌面此软件的快捷图标，都可以启动此软件。主窗口主要包括快速访问栏、菜单栏、工具栏、状态栏、工作区面板等，如图 1-21 所示。

1. "文件"菜单

其主要包括与文件操作相关的命令，如文件新建、打开、保存等。各命令及功能如下：

高亮显示的命令是当前可以使用的命令；暗色显示的命令是当前无法使用的命令，其会在可用的工作环境中高亮显示。

图 1 - 21 Altium Designer 20 主窗口

2. "视图"菜单

其主要功能是显示或隐藏工具栏、工作区面板、命令行和状态栏。

3. "项目"菜单

其主要功能是管理项目文件，如项目文件的添加、删除、复制、编译、打包、版本等。

4. "Window"菜单

其主要功能是管理窗口的显示方式，如水平放置所有窗口、垂直放置所有窗口、关闭所有窗口等。

5. "帮助"菜单

提供有关软件及操作内容的帮助功能命令。

6. 主窗口工具栏

主窗口工具栏位于主窗口右上角，即 3 个 ⚙ 🔔 👤 按钮，其主要功能是设置基本工作环境参数，包括系统参数、原理图参数、PCB 参数、文档编辑参数、电路仿真参数等。

7. 工作区面板

系统默认的工作区面板在下方显示，包括"Projects"面板和"Navigator"面板，单击下方相应标签。

1.1.3 新建项目文件

在新建原理图文件之前首先要新建一个项目文件，但这个项目文件并不包括任何具体文件，只是起到建起某些源文件之间的连接关系，即这个项目文件所包含的内容只是这些源文件之间的连接信息。对没有存放在项目中的设计文件，称为自由文件。项目文件中各种类型文件，都可以执行文件的新建、复制、删除、打开、保存等操作；在"Projects"面板中同时存放在同一项目文件中；项目中各种类型文件可以同时进行编译操作。自由文件在"Projects"面板中的"Free Documents"中，可以单独执行新建、复制、删除、打开、保存等操作。

常用类型文件包括5种，项目文件，其扩展名为.PrjPcb；原理图文件，其扩展名为.SchDoc；PCB文件，其扩展名为.PcbDoc；原理图库文件，其扩展名为.SchLib；PCB库文件，其扩展名为.PcbLib。

1. 新建项目文件

在任务实施过程中是用系统菜单方式实现的，在这里我们用快捷菜单方式来实现。在"Projects"面板空白处右击，在弹出如图1-22所示的快捷菜单中选择"Add New Project..."命令，同样弹出如图1-4所示对话框，用前文所述方法来新建项目文件。

2. 保存项目文件

在"Projects"面板中的"PCB_Project1.PrjPcb"文件上右击，在弹出的快捷菜单中选择"Save"命令，如图1-23所示。此时弹出如图1-24所示"Save As..."对话框，在此输入文件路径和名称即可。保存原理图文件、PCB文件等类型文件也可以使用同样的方法来完成。

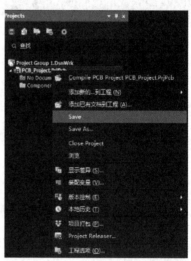

图1-22　新建项目文件快捷菜单　　　　图1-23　保存项目文件快捷菜单

图1-24　"Save As..."对话框

3. 添加已存在文件

在"Projects"面板中的"PCB_Project1. PrjPcb"文件上右击，在图1-23所示的快捷菜单中选择"添加新的...到工程"命令，此时选择相应的文件即可。用同样的方法，可以向这个项目文件中加入各种不同类型的文件，这些文件都会以目录的形式出现在"Projects"面板中。

4. 从项目中删除文件

在需要被删除文件名上右击，弹出如图1-25所示快捷菜单，从中选择"从工程中移除..."命令，此时弹出一个提示对话框，单击"Yes"按钮，即可将其从当前项目文件中删除。从项目文件中删除的文件成为自由文件，出现在项目面板上。若将其彻底删除，则需要找到其存储目录，从磁盘目录中删除。

图1-25　类型文件
快捷菜单

1.1.4　新建原理图文件

单击"文件"菜单，选择"新的"→"原理图"命令；或在图1-23所示项目文件快捷菜单中选择"添加新的...到工程"→"Schematic"命令，打开原理图即进入原理图编辑环境，如图1-26所示。

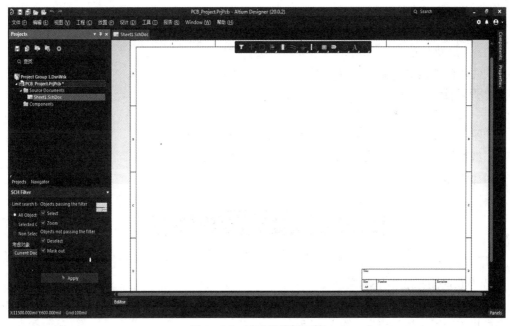

图1-26　原理图编辑环境

1. 原理图菜单栏

原理图编辑器中的菜单栏如图1-27所示，菜单中对应的命令会随着当前原理图编辑状态，在高亮显示与不可用间自动切换。各个菜单主要功能如下：

文件(F)　编辑(E)　视图(V)　工程(C)　放置(P)　设计(D)　工具(T)　报告(R)　Window(W)　帮助(H)

图1-27　原理图编辑器中的菜单栏

1）"文件"菜单

原理图文件相关的操作命令，主要有新建、打开、保存、关闭、页面设置、导入、导出、打印等命令。

2）"编辑"菜单

原理图对象的选择、复制、粘贴、查找、移动、对齐等命令。

3）"视图"菜单

原理图窗口的各种形式缩放、工具栏设置、状态栏设置、栅格与单位设置等命令。

4）"工程"菜单

工程中文件的编译、添加、删除、关闭、打包、选项设置等命令。

5）"放置"菜单

放置原理图总线、器件、端口、导线、字符、图纸入口等原理图对象。

6）"设计"菜单

生成原理图集成库、网络表、图纸生成器等命令。

7）"工具"菜单

数管理器、封装管理器、条目管理器、原理图优先项等命令功能。

8）"报告"菜单

生成清单报表文件、测量距离、交叉参考等命令功能。

9）"Window"菜单

当前各窗口的排布方式、打开或关闭文件等命令功能。

10）"帮助"菜单

软件及操作内容方面的帮助功能。

2. 原理图工具栏

1）"布线"工具栏

如图 1-28 所示，"布线"工具栏主要包括元件、导线、总线、接地、电源、网络标签、图纸符号与入口、网络颜色、未用引脚标识等对象的命令。光标悬停在图标上方，会提示当前图标功能。

图 1-28　"布线"工具栏

2）"原理图标准"工具栏

如图 1-29 所示，"原理图标准"工具栏主要包括文件打开、保存、打印、复制、粘贴、查找、选择、撤消打印、缩放等命令。

3）"应用工具"工具栏

如图 1-30 所示，"应用工具"工具栏主要包括绘图工具、对齐方式、电源样式、栅格样式等命令，其还有下一级子命令图标。

图 1-29　"原理图标准"工具栏

图 1-30　"应用工具"工具栏

4）快捷工具栏

如图 1 – 31 所示，快捷工具栏主要包括常用的放置命令与画线命令，当单击命令图标时，也会出现下一级命令图标。

图 1 – 31　快捷工具栏

3. 原理图工作区面板

1）"Projects" 面板

如图 1 – 32 所示，"Projects" 面板显示当前打开项目文件列表及自由文件，可以对显示的文件进行打开、关闭、复制、删除、打印、页面设置等操作。

2）"Navigator" 面板

如图 1 – 33 所示，"Navigator" 面板查看原理图文件分析与编译后的相关信息。

3）"Components" 面板

如图 1 – 34 所示，"Components" 面板浏览当前加载的元件库，将库中元件放置在原理图中，选择元件相应封装、元件厂商等信息。

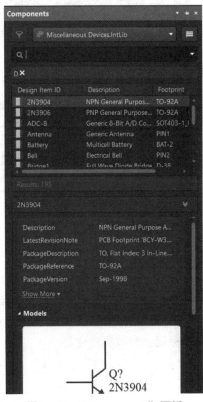

图 1 – 32　"Projects" 面板　　　图 1 – 33　"Navigator" 面板　　　图 1 – 34　"Components" 面板

1.1.5　设置原理图工作环境

绘制原理图的效率和正确性与原理图环境参数设置有密切联系，因此设置好原理图环境参数可以对原理图的绘制起到事半功倍的效果。单击"工具"菜单，选择"原理图优先项"命令，弹出如图1-35所示"优选项"对话框。

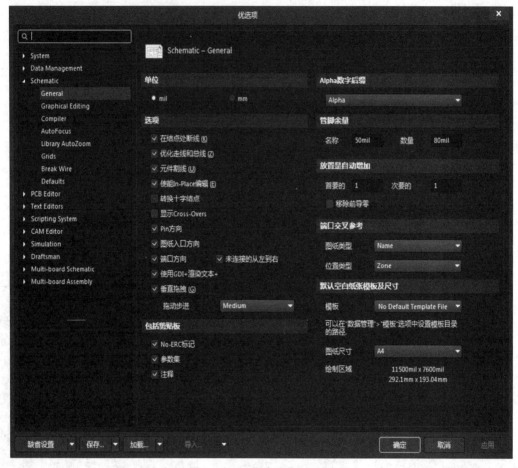

图1-35 "优选项"对话框

1）"General"标签

其设置原理图的常规环境参数，如图1-35所示。

（1）"单位"选项组：设置图纸单位，包括公制单位（mm）和英制单位（mil①）。

（2）"选项"选项组：设置原理图编辑操作过程中相关对象的属性。

（3）"包括剪贴板"选项组：设置在复制、剪切到剪贴板或打印时是否都包含No-ERC标记、参数集和注释。

（4）"Alpha数字后缀"选项组：设置复合元件中子件的标识后缀，包括三个选项。

（5）"管脚余量"选项组：包括两个文本框，一个是"名称"文本框，设置元件的引脚名称与元件符号边缘之间的距离，系统默认值为50 mil；另一个是"数量"文本框，设置元件引脚编号与元件符号边缘的距离，系统默认值为80 mil。

---

① 密尔，1 mil = 0.025 4 mm。

（6）"放置是自动增加"选项组：设置元件标识序号及引脚号的自动增量数。

（7）"端口交叉参考"选项组：设置图纸中端口类型和图纸中端口放置位置依据。

（8）"默认空白纸张模板及尺寸"选项组：设置默认的模板文件和图纸尺寸。

2）"Graphical Editing"标签

主要设置与绘制原理图相关的一些参数，如图1-36所示。

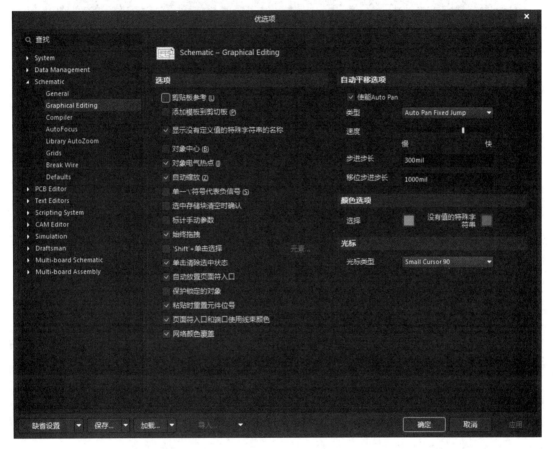

图1-36　"Graphical Editing"标签

（1）"选项"选项组：主要用于设置原理图中对象常见操作选项。

（2）"自动平移选项"选项组：设置系统自动摇景功能，是指当光标处在元件上时，若光标移动至编辑区边界上，则图纸边界自动向窗口中心移动。可设置自动移动步长、编辑区中心位置、移动速度、步进步长等参数。

（3）"颜色选项"选项组：设置指定对象的颜色。

（4）"光标"选项组：设置光标指针类型。

3）"Compiler"标签

对电路图进行电气检查，生成各种报告和信息，以此为依据修改原理图，如图1-37所示。

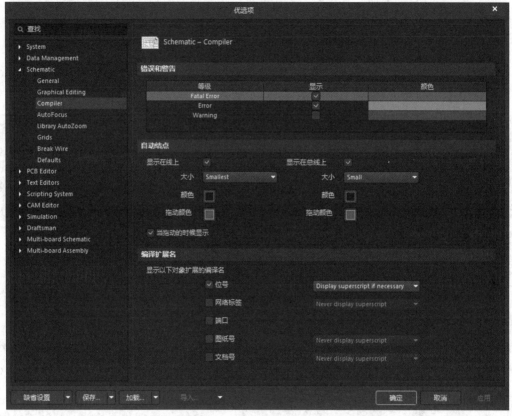

图 1 - 37 "Compiler" 标签

（1）"错误和警告" 选项组：设置在编译过程中出现的错误是否显示并以相应颜色标记，包括三种，分别是 "Fatal Error" "Error" "Warning"。

（2）"自动结点" 选项组：设置在原理图中连线时，在导线的 T 形连接处，系统自动添加结点的显示方式。

（3）"编译扩展名" 选项组：设置显示对象的扩展名形式。

4）"AutoFocus" 标签

根据原理图中对象所处状态分别进行显示，便于快捷地查询与修改，包括 "未连接目标变暗" "使连接特体变厚" "缩放连接目标" 三个选项组。

5）"Library AutoZoom" 标签

设置元件自动缩放形式，包括 "切换元件时不进行缩放" "记录每个元件最近缩放值" "编辑器中每个元件居中" 三个选项组。

6）"Grids" 标签

设置栅格数值大小、形状、颜色、单位等参数。

7）"Break Wire" 标签

对原理图中各种连线进行切割和修改。

8）"Defaults" 标签

设置原理图中常用对象的系统默认值，如图 1 - 38 所示。

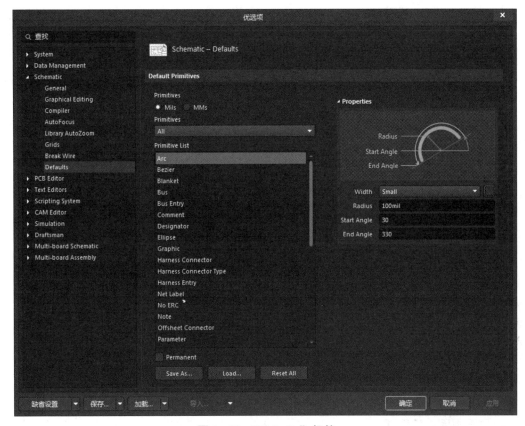

图 1 – 38　"Defaults"标签

1.1.6　放置基本对象

1. 设置原理图图纸选项

主要设置图纸和光标相关参数。绘制原理图要先确定图纸大小、标题栏格式、边框格式、元件放置和线路连接等参数，会为原理图的绘制带来方便。

单击原理图窗口右下角的 Panels 按钮，在弹出的快捷菜单中选择"Properties"命令，即打开如图 1 – 39 所示"Properties"面板，此面板自动固定于窗口右侧边界处，有"General""Parameters"两个标签。

1）"General"标签

"Selection Filter"选项组，单击此选项组左侧▶按钮，可单击选中此图中相应的操作对象或所有对象；"General"选项组，设置公制或英制单位、"Visible Grid"可视栅格、"Snap Grid"捕获栅格、"Snap to Electrical Object"捕捉栅格数值、图纸边框颜色；"Page Options"选项组，"Template"从中选择系统提供的图纸标准尺寸，包括模型图纸尺寸、公制图纸尺寸、英制图纸尺寸、其他格式尺寸等，同时下方会显示被选中图纸的宽度与高度；"Standard"设置图纸尺寸、图纸方向、标题栏格式、图纸边界和分区格式、图纸字体格式等参数；"Custom"设置自定义图纸格式。

2）"Parameters"标签

如图1-40所示，"Parameters"在其下拉列表框中显示当前对象参数，可以单击 Add 按钮添加相应参数属性，可以单击 🗑 按钮删除相应参数属性；"Rules"选项组，设置图纸字体格式、结点格式、旋转等规则，可以添加或删除相应规则，也可以单击图标 ✎ 修改相应规则内容。

图1-39 "Properties"面板

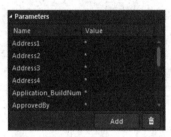

图1-40 "Parameters"标签

2. 原理图元件库管理

AD软件提供的是系统集成元件库，即将与原理图元件库相关联的用于PCB封装库、用于仿真的信号完整性模型等集成到一起。单击"Components"面板右侧图标 ▤，在弹出的快捷菜单中选择"File-based Libraries Preferences"命令，弹出如图1-41所示"Available File-based Libraries"对话框，包括三个标签，具体内容与功能如下：

1）"工程"标签

单击"工程"标签后列出的是当前项目自己创建的库文件，单击 添加库(A)... 按钮，弹出"打开"对话框，选择需要添加的库文件后单击"打开"按钮即可。

2）"已安装"标签

其列出当前已安装的库文件，有两个系统自动添加的库文件"Miscellaneous Devices. IntLib""Miscellaneous Connectors. IntLib"，包含了常用的电子电气元件与连接器件。在此也可以用上面同样的方法安装其他的元件库。可以单击 删除(R) 按钮，删除当前列表中的元件库。

3）"搜索路径"标签

其用于设置安装元件库的路径，单击 路径(P)... 按钮，在弹出的对话框中选择库文件所在路径。

3. 放置元件

单击"放置"菜单并选择"器件"命令或单击原理图工作区"快捷"工具栏中的图标 ▮，都可以弹出"Components"面板，来放置元件。以"CAP"元件为例，放置元件过程如下：

（1）在"Components"面板的库文件列表框中，选中"Miscellaneous Devices. IntLib"库。在"Search"文本框中输入元件名"CAP"，在下方列表中显示当前库中元件名包括"CAP"的所有元件。

（2）单击选中列表中的元件名"CAP"，在弹出的快捷菜单中选择"Place CAP"命令，此时光标变为十字形且当前元件外形悬浮在上方，如图 1 - 42 所示。

（3）移动光标至原理图合适位置，或在十字光标状态下按 Space 键实现元件旋转，每按一次键旋转 90°，以调整好元件旋转方位，单击即可放置好元件。此时光标仍处于十字形和元件外形浮动状态，可继续单击，实现放置多个相同元件。

（4）按 Esc 键或右击即可退出元件放置状态，此时光标变回箭头形状。

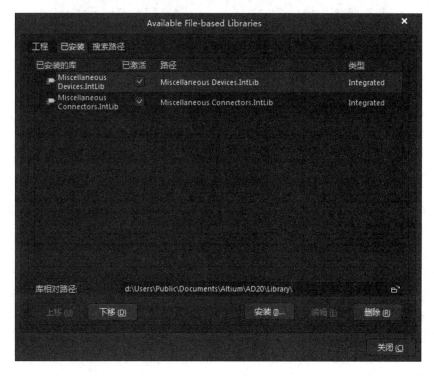

图 1 - 41　"Available File - based Libraries"对话框

技巧：当元件出现在光标上且未放置元件之前，可用光标调整其位置或按 Space 键来旋转元件。在调整好位置和方向后若按 Tab 键，则会弹出"元件属性"对话框，可以直接在此设置元件属性。

技巧：放置后的元件旁边或下边会出现红色的波浪线，说明当前原理图中有重复流水号的元件，此时只要将带红色波浪线元件的流水号改为当前原理图中没有的流水号，红色波浪线就会自动消失。

图 1 - 42
放置元件

4. 查找元件

单击"Components"面板右侧图标 ，在弹出的快捷菜单中选择"File - based Libraries Search"命令，弹出如图 1 - 43 所示"File - based Libraries Search"对话框，在此查找元件。需要先设置好"范围"与"路径"选项组中内容，再输入元件信息进行查询。

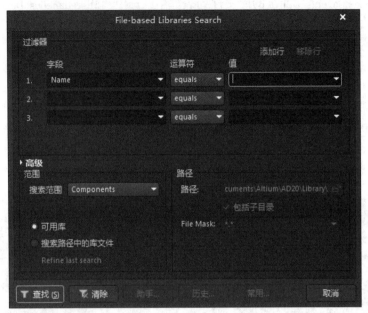

图 1 – 43 "File – based Libraries Search" 对话框

1）"范围"选项组

其用于设置查找元件的范围，包括"Components" "Protel Footprints" "3D Models" "Database Components"等四种搜索对象类型；可用库：在已加载至当前项目中的库文件中查找；搜索路径中的库文件：在右侧"路径"选项中选定的路径中查找。

2）"路径"选项组

其用于设置元件查找指定路径。"路径"选项：单击选项右侧的 ▢ 按钮，在弹出的对话框中设置搜索路径；"File Mask"选项：在此设定查找元件的文件匹配符，"＊"表示匹配任意字符。

3）"高级"选项组

在其文本框中输入过滤语句表达式，可更准确地查找元件。

4）"过滤器"选项组

在"字段"选项的下拉列表中选择查找元件的属性；在"运算符"选项的下拉列表中选择运算符类型；在"值"选项的下拉框中选择相应元件，再单击 ▣ 查找 ⑤ 按钮，即可查找到相应元件。

5. 编辑元件属性

原理图中的元件或其他对象都有各自的属性，需要设置这些对象的属性来与实际项目要求配合。可以在两种情况下设置元件属性，一种是真正放置元件之前设置，即在单击之前按 Tab 键，另一种是双击已放置的元件，都可以弹出"Properties"面板，如图 1 – 44 所示，在此编辑元件属性，包括"General" "Parameters" "Pins"三个标签。常用元件属性如下：

（1）"Designator"选项组右侧的文本框中输入元件标识符，单击其右侧的图标 ▣ 可以设置元件标识符在原理图上是否可见。

（2）"Comment"选项组，默认值为当前元件名，可以在文本框重新输入新的注释内容，单击其右侧图标🔒，设置是否锁定当前元件标识符。

（3）"FootPrint"选项组，设置当前元件封装的名称、显示方式等信息。

（4）"Type"选项组，单击右侧向下箭头，在弹出的下拉列表中选择元件符号类型。

（5）"Part"选项组，若当前元件是多片集成元件，则在此选择当前元件的子件。

（6）"Description"选项组，在此文本框中输入当前元件的简单描述。

（7）"Rotation"选项组，在此设置元件或元件属性的旋转角度。

（8）"Models"选项组，添加、编辑、删除封装类型、仿真模型和三维模型。

6. 调整对象位置

在原理图中放置好元件后，为了原理图布线美观和项目要求，通常要对原理图中元件和相关对象的位置、方向进行移动、旋转、复制、删除和剪切等操作。

1）对象的选取

在对原理图中任何一个对象进行操作之前都要选中相应的对象，常用的选取方法有三种，分别是用菜单选取、用工具栏选取和直接选取。

（1）用菜单选取。单击"编辑"菜单，选择"选择"命令，弹出如图 1-45 所示"选择"菜单命令，从中选择相应的方式。光标变为十字形，单击对象并拖动光标至相应位置后松开，所有在虚线框内的对象都被选中，同时被选中对象周围出现绿色边框，如图 1-46 所示。

（2）用工具栏选取。单击"快捷"工具栏中的图标▣，在弹出的子菜单中选择合适的方式，操作方法如上。

（3）直接选取。在对象的接近中心位置单击即可选取单个对象；按住 Shift 键同时单击各个对象，可实现同时选取多个单独对象；单击并拖动光标到相应位置后松开，所有在虚线框内的对象都被选中。

图 1-44　"Properties"面板

2）取消选择对象

单击"编辑"菜单，选择"取消选择"命令，弹出如图 1-47 所示"取消选择"菜单命令，从中选择相应的命令。

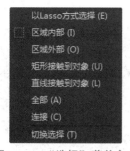

图 1-45　"选择"菜单命令

图 1-46　被选择对象状态

图 1-47　"取消选择"菜单命令

技巧：在拖动鼠标过程中，要一直按住鼠标左键不能松开。另外，按住 Shift 键同时单击，可实现同时选取单独对象的功能。

3）对象的移动

（1）用菜单命令实现。单击"编辑"菜单，选择"移动"命令，弹出如图 1-48 所示菜单命令，主要命令功能为：拖动，不需先选中对象，在对象上单击，此时光标变为十字形，移动光标至合适位置处再单击即可实现拖动，一次只对一个对象操作；移动，不需先选中对象，在对象上单击，此时光标变为十字形，移动光标至合适位置处再单击即可实现移动，一次只对一个对象操作；移动选中对象，先选中对象，再执行此命令，一次只对多个被选中对象操作；通过 X、Y 坐标移动选中对象，先选中对象，再执行此命令，在出现的对话框中输入坐标值即可；拖动选择，先选中对象，再执行此命令，单击选择区域即可同时拖动被选中对象。

（2）用工具栏命令移动。单击"快捷"工具栏中的图标▇，在弹出的子图标命令中选择合适的命令。

（3）直接移动。光标指向元件并按住，拖动光标至合适位置后松开光标即可。

4）旋转对象

（1）用"Properties"面板中的"Rotation"设置旋转：双击对象，在如图 1-49 所示属性面板的"Rotation"选项下列表框中选择旋转角度。

（2）用 Space 键旋转：选中对象后，按一次空格键，对象逆时针旋转 90°一次。

（3）对象水平镜像：单击对角并按住光标，同时按键盘中的 X 键，完成对象水平镜像后松开光标。

（4）对象垂直翻转：单击对角并按住光标，同时按键盘中的 Y 键，完成对象垂直翻转后松开光标。

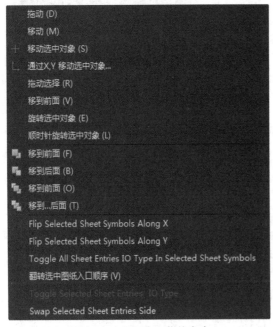

图 1-48 "移动"菜单命令

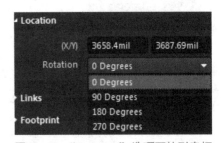

图 1-49 "Rotation"选项下拉列表框

7. 对象的复制粘贴

原理中相同元件的放置可以用对象的复制粘贴来实现，先选中对象，再执行相关操作。

1）菜单方式

复制粘贴：单击"编辑"菜单，选择"复制"→"粘贴"命令，此时光标处于十字形且元件外形浮动在光标上，在原理图上单击即可实现复制粘贴操作、阵列式粘贴。

2）用标准工具栏方式

选中对象后，单击"原理图标准"工具栏中的图标　（或按快捷键 Ctrl + C）实现复制，再单击图标　（或按快捷键 Ctrl + V）完成粘贴。

3）阵列式粘贴方式

单击"编辑"菜单，选择"智能粘贴"命令，弹出如图 1 – 50 所示"智能粘贴"对话框，勾选右侧的 使能粘贴阵列 复选框，根据实际情况设置选项内容即可。列：设置每列中要粘贴的元件个数、每列中相邻元件的垂直间距；行：设置每行中要粘贴的元件个数、每行中相邻元件的水平间距；文本增量：设置元件标识中的文本增量数与方向。

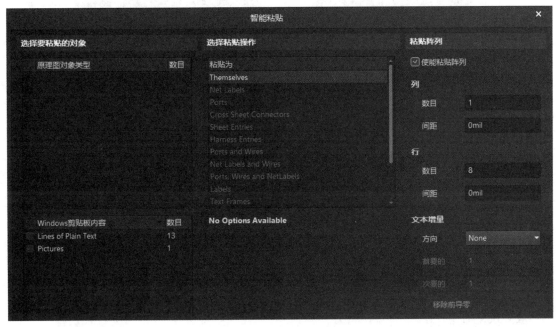

图 1 – 50　"智能粘贴"对话框

8. 对象的删除

原理图中某些不需要的对象是可以删除的。先选中相应对象，再单击"编辑"菜单，选择"删除"命令，光标变为十字形，在原理图中单击要删除的对象即可，可以一次删除多个元件，右击结束当前操作。先选中对象再按 Delete 键也可实现删除对象的操作。

9. 对象的排列和对齐

先选中对象，再单击"编辑"菜单，选择"对齐"命令；单击"快捷"工具栏中的图标　；在原理图空白处右击，在弹出的快捷菜单中选择"对齐"命令，都可以弹出如图 1 – 51 所示菜单命令，其中主要命令功能如下。

（1）对齐：单击"对齐"命令，弹出如图1-52所示"排列对象"对话框，选择"水平排列"或"垂直排列"。

（2）左对齐：以已选对象中最左侧的元件为基准对齐其他元件。

（3）右对齐：以已选对象中最右侧的元件为基准对齐其他元件。

（4）水平中心对齐：以已选对象中最左侧与最右侧元件的中间位置为基准对齐其他元件。

（5）水平分布：将已选对象在最左侧与最右侧元件之间等距离对齐分布排列。

（6）顶对齐：以已选对象中最顶端的元件为基准对齐其他元件。

（7）底对齐：以已选对象中最底端的元件为基准对齐其他元件。

（8）垂直中心对齐：以已选对象中最上端与最下端元件的中间位置为基准对齐其他元件。

（9）垂直分布：将已选对象在最上端与最下端元件之间等距离对齐分布排列。

（10）对齐至栅格上：将元件移动至最近的栅格上，便于连线时捕捉到元件电气结点。

图1-51 "对齐"菜单命令

图1-52 "排列对象"对话框

10. 撤销与恢复命令

1）撤销命令

单击"编辑"菜单，选择"Undo"命令，撤销最后一步的操作，恢复到最后一步操作之前的状态。若多次执行此命令，则可实现多次撤销操作，也可单击标准工具栏的 图标实现撤销操作。

2）恢复命令

单击"编辑"菜单，选择"Redo"命令，恢复到撤销前的状态，若执行多次操作即可实现多次恢复操作，也可选择标准工具栏中的 图标实现恢复操作。

11. 放置电源、接地符号

1）单击"放置"菜单

选择"电源端口"命令，光标变为十字形，按Tab键进入如图1-53所示"Power Port"属性面板，在此设置其属性，内容功能如下。

（1）"Rotation"（旋转）：设置当前符号的旋转角度。

（2）"Name"（名称）：设置当前符号的名称，如GND1等。

（3）"Style"（样式）：设置当前符号类型。

（4）"Font"（字体）：设置当前符号所用字体格式。

2）工具栏中符号

单击"布线"工具栏中图标█可放置电源符号，单击图标█可放置接地符号；单击"应用工具"工具栏图标██可放置接地符号；在原理图空白处右击，在弹出的快捷菜单中选择"放置"→"电源端口"命令，在弹出的"GND/电源端口"菜单命令中选择即可。

1.1.7　连接导线

原理图中基本对象放置好后，就可以连接线路了。通过连接导线可以将原理图中各个对象的引脚间按一定的栅格连接起来，使其具有电气连接特性。

1. 绘制导线

单击"放置"菜单，选择"线"命令；单击"布线"工具栏中图标██；在原理图空白处右击，在弹出

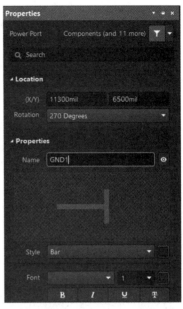

图 1-53　"Power Port"属性面板

的快捷菜单中选择"放置"→"线"命令，三种操作都可以进入绘制导线状态，即光标变为十字形。具体操作步骤如下：

（1）拖动光标到要连接对象的一个引脚上，此时十字形光标变为红色，说明系统自动捕捉到了电气结点，单击确定导线的一端。

（2）拖动光标到其他对象的引脚上，单击确定导线的另一端，本次导线绘制完成。

（3）此时光标还是十字形，说明系统仍处于绘制导线状态，还可以继续按同样的方法绘制导线，直到完成原理图中所有导线为止。

在绘制导线过程中，双击可增加导线拐角，或按键盘中的空格键可改变导线拐角模式。每按一次空格键，系统将按照导线 90°、45°和任意角度改变导线拐角模式。右击两次或按 Esc 键，可结束绘制导线状态。

双击绘制完成的导线或在绘制导线过程中按 Tab 键，都可以进入如图 1-54 所示"Wire"属性面板，在此设置导线颜色与宽度。Width（宽度），类型为"Smallest"（最细）、"Small"（细）、"Medium"（中等）、"Large"（粗）；图标█（颜色），单击此按钮后会弹出下拉列表框，从中单击所需颜色按钮即可重设导线颜色。

2. 绘制总线

总线是一组功能相同的导线，一般一条总线能够连接多条导线，被总线连接在一起这些导线按照相应的栅格标号实现电气连接。总线通常用于连接原理中引脚较多的对象以达到化简和美观的目的。总线自身没有实质

图 1-54　"Wire"属性面板

的电气连接意义，但在绘制原理图时将其与总线入口和栅格标号组合在一起构成相应的网络来实现电气连接。

单击"放置"菜单，选择"总线"命令；单击"布线"工具栏中图标 ；在原理图空白处右击，在弹出的快捷菜单中选择"放置"→"总线"命令，这三种操作都可以进入绘制总线状态。具体操作步骤如下：

（1）此时处于绘制总线状态，在原理图适当位置单击，确定总线起点。再拖动光标到适合的位置单击，确定总线终点。绘制总线过程中，可随时单击来确定总线的拐点。绘制完成的总线如图 1-55 所示。

（2）设置总线属性。在绘制总线状态下按 Tab 键或者双击原理图中总线，都会弹出如图 1-56 所示"Bus"属性面板，可在此设置总线属性，设置方法与设置导线属性方法相同。

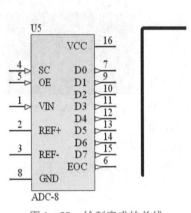

图 1-55　绘制完成的总线

图 1-56　"Bus"属性面板

3. 绘制总线出入端口

总线出入端口的功能是实现导线与总线的连接，其自身没有电气连接特性，需要与总线、栅格标号配合地放在一起，才具有电气连接特性。单击"放置"菜单，选择"总线入口"命令；单击"布线"工具栏中图标 ；在原理图空白处右击，在弹出的快捷菜单中选择"放置"→"总线入口"命令，这三种操作都可以进入绘制总线端口状态。具体操作步骤如下：

（1）此时系统处于绘制总线端口状态，在原理图适当位置单击即可确定其位置，可继续单击实现连续放置，放置过程中可随时按空格键旋转方向，右击结束放置操作。放置好的总线出入端口如图 1-57 所示。

（2）设置总线端口属性。在绘制总线端口状态下按 Tab 键或者双击原理图中总线端口符号，都会弹出如图 1-58 所示"Bus Entry"属性面板，可在此设置总线端口属性，设置方法与设置导线属性方法相同。

4. 放置网络标签

原理图中的网络是指真正互相连接或通过栅格标号连接在一起的一组引脚和导线，相同网络内的对象具有相同的电气连接特性，即被视为连接到同一导线上。原理图中的网络将多种多样的原理图元件按不同的栅格名称区分开，形成按电气结点连接的电路原理图，以便生成栅格表，并为设计电子线路板做好准备。

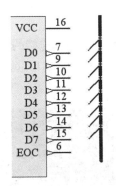

图 1-57　放置好的总线出入端口

图 1-58　"Bus Entry" 属性面板

单击"放置"菜单，选择"网络标签"命令；单击"布线"工具栏中图标 Net ；在原理图空白处右击，在弹出的快捷菜单中选择"放置"→"网络标签"命令，这三种操作都可以进入放置网络标签状态。具体操作步骤如下：

（1）此时处于放置网络标签状态，在靠近总线出入端口附近单击即可确定其位置，还可以继续单击实现连续放置。在放置过程中可随时按空格键旋转方向，右击结束放置操作，如图 1-59 所示。

（2）设置网络标签属性。在放置网络标签状态下按 Tab 键，或者双击原理图中的网络标签，都会弹出如图 1-60 所示"Net Label"属性面板，在此设置其属性："Net Name"设置网络标签名称，系统默认值为"NetLabel1"；"Rotation"设置网络标签方向。

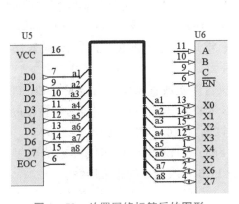

图 1-59　放置网络标签后的图形

图 1-60　"Net Label" 属性面板

技巧：若在浮动的网络标签状态下按 Tab 键，再将网络标签设置成标签后带有数字的名称，则在连续放置时，网络标签名称中的数字会按升序自动增加。

5. 放置端口

有相同网络标签的原理图输入/输出端口可以实现未实际连接的两个网络的电气连接，是设计层次原理图时的必要符号。

单击"放置"菜单，选择"端口"命令；单击"布线"工具栏中图标 D1 ；在原理图空白处右击，在弹出的快捷菜单中选择"放置"→"端口"命令，这三种操作都可以进入放置端口状态。放置端口并设置其属性的操作如下：

处于放置端口状态后，按 Space 键改变端口方向；移动光标到与其连接的位置处，当十字形光标变为蓝色米字形时，此时自动捕捉到了电气结点，单击确定端口起点位置；再移动光标至合适位置处，单击确定端口的终点位置。

单击结束本次绘制操作；右击或按 Esc 键退出放置端口状态，光标变回箭头形；双击绘制完成的端口或在绘制端口过程中按 Tab 键，都可以进入如图 1－61 所示的"Port"属性面板，其属性功能如下：

"Name"，设置端口名称，具有相同名称的端口具有电气连接特性；"I/O Type"（输入/输出端口类型），设置端口电气特性，包括"Unspecified"（未定义）、"Output"（输出）、"Input"（输入）、"Bidirectional"（双向）四种类型；"Harness Type"（线束类型），设置线束类型。

图 1－61 "Port" 属性面板

6. 放置 PCB 布线标志

在原理图设计阶段，规划指定网络中铜膜导线的宽度、过孔直径、布线策略、布线优先权和布线板层等属性。若在绘制原理图过程中对某些特殊要求的网络设置 PCB 布线指示，则在新建 PCB 过程中会自动地在 PCB 中引入这些设计规则。

单击"放置"菜单，选择"指示"→"参数设置"命令；在原理图空白处右击，在弹出的快捷菜单中选择"放置"→"指示"→"参数设置"命令，两种操作都可以进入放置 PCB 布线标志状态，即光标变为十字形且有"PCB Rule"图标悬浮在光标上方。

此时光标处于放置 PCB 布线标志状态，可执行多次放置操作。右击或按 Esc 键退出放置状态，光标变回箭头形。双击绘制完成的 PCB 布线标志或在其绘制过程中按 Tab 键，都可以进入如图 1－62 所示的"Parameter Set"属性面板，其属性内容如下：

"Label"，设置 PCB 布线标志的名称；"Style"，设置 PCB 布线标志的类型，包括"Large""Tiny"；"Rules""Classes"，在此设置 PCB 布线指示的相关属性。

7. 放置通用 NO ERC 标号

通用 NO ERC 标号是让系统进行电气规则检查时忽略对某些结点的检查，若不放置通用 NO ERC 标号，则系统在编译时会生成信息，并在引脚上放置错误标记。

单击"放置"菜单，选择"指示"→"通用 NO ERC 标号"命令；单击"布线"工具栏中图标▉；在原理图空白右击处，在弹出的快捷菜单中选择"放置"→"指示"→"通用 NO ERC 标号"命令，三种操作都可以进入放置通用 NO ERC 标号状态，在原理图合适位置处单击，即完成一次放置操作，此时光标仍处于放置状态，可执行多次放置操作。右击或按 Esc 键退出放置状态，光标变回箭头形。

双击绘制完成的通用 No ERC 标号或在其绘制过程中按 Tab 键，都可以进入如图 1 – 63 所示的 "No ERC" 属性面板，在此设置其颜色与位置等属性。

图 1 – 62 "Parameter Set" 属性面板

图 1 – 63 "No ERC" 属性面板

1.1.8 绘制图形

一张完整的电路原理图，除了需要构成电路的元件和常用对象之外，还需要添加一些说明性的文字或图形对原理图进行辅助说明。这些图形对象不具备电气特性，所以不会对原理图中其他具有电气特性的对象产生影响。

单击 "放置" 菜单，选择 "绘图工具" 命令；在原理图空白处右击，在弹出的快捷菜单中选择 "放置" → "绘图工具" 命令，都可以弹出如图 1 – 64 所示绘图工具菜单。单击 "应用工具" 工具栏中图标 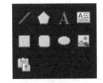，弹出如图 1 – 65 所示应用工具下拉图标。

图 1 – 64 绘图工具菜单

图 1 – 65 应用工具下拉图标

1. 绘制直线

单击 "放置" 菜单，选择 "绘图工具" → "线" 命令；单击 "应用工具" 工具栏中图标 → 下拉列表中的图标 ；在原理图空白处右击，在弹出的快捷菜单中选择 "放置" → "绘图工具" → "线" 命令，都可以进入绘制直线状态。

1）绘制直线操作

在原理图中相应位置单击确定直线起点，每单击一次确定一个直线的拐点，在此过程中可随时按 Space 键来切换直线拐角模式（45°、90°、任意角度）。绘制后，右击或按 Esc

键一次，仍处于画线状态；再右击或按 Esc 键一次则退出画线状态，光标变回箭头形。

2）设置直线属性

双击绘制完成的直线或在其绘制过程中按 Tab 键，都可以进入如图 1-66 所示"Polyline"属性面板，其内容如下：

（1）"Line"，设置线宽，包括"Smallest""Small""Medium""Large"。

（2）"Line Style"，设置线型，包括"Solid""Dashed""Dotted"。

（3）"Start Line Shape"，设置直线起始端的形状，包括"None""Arrow""Solid Arrow""Tail""Solid Tail""Circle""Square"。

（4）"End Line Shape"，设置直线终止端的形状，包括"None""Arrow""Solid Arrow""Tail""Solid Tail""Circle""Square"。

（5）"Line Size Shape"，设置直线起点与终点外形的尺寸。

2. 绘制矩形

单击"放置"菜单，选择"绘图工具"→"矩形"命令；单击"应用工具"工具栏中图标■→下拉列表中的图标□；在原理图空白处右击，在弹出的快捷菜单中选择"放置"→"绘图工具"→"矩形"命令，都可以进入绘制矩形状态，此时光标变为十字形且有矩形悬浮在上方。

1）绘制矩形操作

在原理图中相应位置单击确定矩形一个顶点，移动光标至合适位置处单击确定矩形另一个顶点，绘制完成一个矩形。此时仍处于绘制矩形状态，右击或按 Esc 键一次则退出绘制状态，光标变回箭头形。

2）设置矩形属性

双击绘制完成的矩形或在其绘制过程中按 Tab 键，都可以进入如图 1-67 所示"Rectangle"属性面板，设置矩形宽与高、颜色、位置等属性，其内容如下：

（1）"Border"，设置矩形的边框线型，包括"Smallest""Small""Medium""Large"四种线宽。

（2）"Fill Color"，设置矩形内部颜色，双击右侧的色块并从中选择即可。

（3）"Transparent"，设置矩形为透明色，即内部无填充颜色。

3. 绘制圆角矩形

单击"放置"菜单，选择"绘图工具"→"圆角矩形"命令；单击"应用工具"工具栏中图标■→下拉列表中的图标□；在原理图空白处右击，在弹出的快捷菜单中选择"放置"→"绘图工具"→"圆角矩形"命令，都可以进入绘制圆角矩形状态，此时光标变为十字形且有圆角矩形悬浮在上方。

1）绘制圆角矩形操作

在原理图中相应位置单击确定矩形一个顶点，移动光标至合适位置处单击确定矩形另一个顶点，绘制完成一个圆角矩形。此时仍处于绘制圆角矩形状态，右击或按 Esc 键一次则退出绘制状态，光标变回箭头形。

2）设置圆角矩形属性

双击绘制完成的圆角矩形或在其绘制过程中按 Tab 键，都可以进入如图 1-68 所示"Round Rectangle"属性面板，可以设置圆角矩形宽与高、颜色、位置等属性。

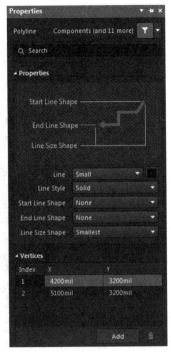

图 1 – 66 　"Polyline" 属性面板

图 1 – 67 　"Rectangle" 属性面板

4. 绘制椭圆

单击"放置"菜单，选择"绘图工具"→"椭圆"命令；单击"应用工具"工具栏中图标 ▨ ▾ →下拉列表中的图标 ⬭；在原理图空白处右击，在弹出的快捷菜单中选择"放置"→"绘图工具"→"椭圆"命令，都可以进入绘制椭圆状态，此时光标变为十字形且有椭圆悬浮在上方。

1）绘制椭圆操作

在原理图相应位置单击一次确定椭圆中心点，移动光标至合适位置处再次单击确定椭圆水平顶点，移动光标至合适位置处第三次单击确定椭圆垂直方向顶点，绘制完成一个椭圆。此时仍处于绘制椭圆状态，右击或按 Esc 键一次则退出绘制状态，光标变回箭头形。

2）设置椭圆属性

双击绘制完成的椭圆或在其绘制过程中按 Tab 键，都可以进入如图 1 – 69 所示"Ellipse"属性面板，可以设置椭圆水平方向半径与垂直方向半径、颜色、位置等属性。

5. 绘制多边形

单击"放置"菜单，选择"绘图工具"→"多边形"命令；单击"应用工具"工具栏中图标 ▨ ▾ →下拉列表中的图标 ⬠；在原理图空白处右击，在弹出的快捷菜单中选择"放置"→"绘图工具"→"多边形"命令，都可以进入绘制多边形状态，此时光标变为十字形。

1）绘制多边形操作

在原理图中相应位置单击确定多边形一个顶点，移动光标至合适位置处单击确定多形其余顶点，确定多边形各个顶点后，右击结束绘制当前多边形。此时仍处于绘制多边形状态，右击或按 Esc 键一次则退出绘制状态，光标变回箭头形。

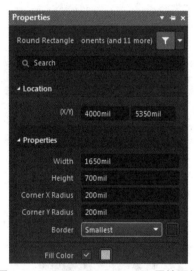

图 1 - 68　"Round Rectangle" 属性面板

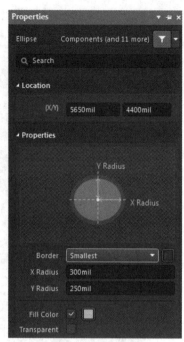

图 1 - 69　"Ellipse" 属性面板

2）设置多边形属性

双击绘制完成的多边形或在其绘制过程中按 Tab 键，都可以进入如图 1 - 70 所示 "Region" 属性面板，可以设置多边形填充颜色、边框线型、位置等属性，"Vertices" 用于设置多边形各个顶点的坐标值。其他属性设置方法与矩形属性设置方法相同。

6. 绘制弧

单击 "放置" 菜单，选择 "绘图工具" → "弧" 命令；在原理图空白处右击，在弹出的快捷菜单中选择 "放置" → "绘图工具" → "弧" 命令，都可以进入绘制弧状态，光标变为十字形且有弧形悬浮在上方。

1）绘制弧操作

在原理图中相应位置第一次单击确定弧的中心点，移动光标至合适位置处第二次单击确定弧的半径，移动光标至合适位置处第三次单击确定弧的起点，移动光标至合适位置处第四次单击确定弧的终点，右击结束绘制当前弧。此时仍处于绘制弧的状态，右击或按 Esc 键一次则退出绘制状态，光标变回箭头形。

2）设置弧属性

双击绘制完成的弧或在其绘制过程中按 Tab 键，都可以进入如图 1 - 71 所示 "Arc" 属性面板，可以设置弧的位置、线宽、半径等属性，属性设置方法与圆角矩形属性设置方法相同。

7. 绘制圆圈

单击 "放置" 菜单，选择 "绘图工具" → "圆圈" 命令；在原理图空白处右击，在弹出的快捷菜单中选择 "放置" → "绘图工具" → "圆圈" 命令，都可以进入绘制圆圈状态，此时光标变为十字形且有圆圈悬浮在上方。

图1-70 "Region" 属性面板

图1-71 "Arc" 属性面板

1) 绘制圆圈操作

在原理图中相应位置第一次单击确定圆圈的中心点，移动光标至合适位置处第二次单击确定圆圈半径，右击结束绘制当前圆圈。此时仍处于绘制圆圈的状态，右击或按Esc键一次则退出绘制状态，光标变回箭头形。

2) 设置圆圈属性

双击绘制完成的圆圈或在其绘制过程中按Tab键，都可以进入如图1-71所示"Arc"属性面板，用于设置圆圈的位置、线宽、半径等属性。

8. 绘制贝塞尔曲线

单击"放置"菜单，选择"绘图工具"→"贝塞尔曲线"命令；在原理图空白处右击，在弹出的快捷菜单中选择"放置"→"绘图工具"→"贝塞尔曲线"命令，都可以进入绘制贝塞尔曲线状态，此时光标变为十字形。

1) 绘制贝塞尔曲线操作

原理图中相应位置处四次单击确定贝塞尔曲线的4个顶点，此时光标脱离已绘制的曲线。接着，若再单击则会在已绘制的贝塞尔曲线上继续绘制；如果右击则退出当前曲线绘制状态。仍处于绘制贝塞尔曲线状态，右击或按Esc键一次则退出绘制状态，光标变回箭头形。选中绘制完成的贝塞尔曲线，在顶点处出现绿色方块标志，可拖动顶点改变曲线形状。

2) 设置贝塞尔曲线属性

双击绘制完成的贝塞尔曲线或在其绘制过程中按Tab键，都可以进入如图1-72所示"Bezier"属性面板，用于设置贝塞尔曲线的线宽、颜色等属性。

9. 放置图像

单击"放置"菜单，选择"绘图工具"→"图像"命令；在原理图空白处右击，在弹出的快捷菜单中选择"放置"→"绘图工具"→"图像"命令；单击"应用工具"工具栏中图标 ↘ →下拉列表中的图标 ；都可以进入放置图像状态，此时光标变为十字形且有虚框悬浮在上方。

1）放置图像操作

在原理图中相应位置第一次单击确定图像一个顶点，移动光标至合适位置处第二次单击弹出"打开"对话框，在此中选择图形文件后单击"打开"按钮；移动光标至合适位置处单击，当前图像放置完成。此时仍处于放置图像的状态，右击或按 Esc 键一次则退出放置状态，光标变回箭头形。

2）设置图像属性

双击放置完成的图像或在其放置过程中按 Tab 键，都可以进入如图 1 – 73 所示"Image"属性面板，在此设置当前图像的位置、高度、宽度、边框线型等属性，其设置方法与设置矩形属性方法相同。

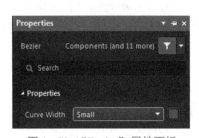

图 1 –72　"Bezier"属性面板

图 1 –73　"Image"属性面板

10. 放置文本字符串

单击"放置"菜单，选择"绘图工具"→"文本字符串"命令；在原理图空白处右击，在弹出的快捷菜单中选择"放置"→"绘图工具"→"文本字符串"命令；单击"应用工具"工具栏中图标 ▨ →下拉列表中的图标 A ；都可以进入放置文本字符串状态，此时光标变为十字形且有文字悬浮在上方。

1）放置文本字符串操作

在原理图中相应位置单击确定文本字符串位置，此时仍处于放置文本字符串状态，右击或按 Esc 键会退出放置状态，光标变回箭头形。

2）设置文本字符串属性

双击放置完成的文本字符串或在其放置过程中按 Tab 键，都可以进入如图 1 – 74 所示"Text"属性面板。设置文本字符串的值、位置、字体格式等属性，主要属性为"Text"，用来设置文本字符串的值，其他属性设置方法与矩形属性设置方法相同。

11. 放置文本框

单击"放置"菜单，选择"绘图工具"→"文本框"命令；在原理图空白处右击，在弹出的快捷菜单中选择"放置"→"绘图工具"→"文本框"命令；单击"应用工具"工

具栏中图标 →下拉列表中的图标 ；都可以进入放置文本框状态，此时光标变为十字形且有文字悬浮在上方。

1）放置文本框操作

在原理图中相应位置单击确定文本框位置，此时仍处于放置文本框的状态，右击或按 Esc 键一次退出放置状态，光标变回箭头形。

2）设置文本框属性

双击放置完成的文本框或在其放置过程中按 Tab 键，都可以进入如图 1－75 所示"Text Frame"属性面板。设置文本框的值、位置、字体格式、填充颜色、边框线型与颜色等属性，主要属性为 Text Margin，用来设置文本框边界与文字间距，其他属性设置方法与矩形属性设置方法相同。

图 1－74　"Text"属性面板　　　　图 1－75　"Text Frame"属性面板

1.1.9　标注原理图

在编辑原理图过程中会根据实际情况修改原理图中元件标识符，如果每个元件单独修改标识符操作效率较低，系统提供了自动标注元件标识符的功能，可以一次实现原理图中所有满足条件的对象标识符的重新标注。

单击"工具"菜单，选择"标注"→"原理图标注"命令，弹出如图 1－76 所示"标注"对话框，包括"原理图标注配置"选项组和"建议更改列表"选项组。

1. "原理图标注配置"选项组

"处理顺序"选项：单击其下侧下拉框的图标，显示列表框中内容，包括"Across Then Down""Across Then Up""Down Then Across""Up Then Across"。选择不同处理顺序时，其下方会显示对应顺序图形指示；"处理位置"选项：单击其下侧下拉框的图标，显示列表框中内容，包括"Designator""Part"；"匹配选项"选项：在下拉列表中列出元件各种参数名称，若需要根据这些参数编号则勾选相应的复选框即可。

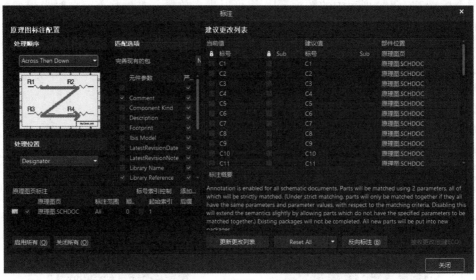

图1-76 "标注"对话框

2. "建议更改列表"选项组

"当前值"选项的列表显示当前的元件标识符,"建议值"选项的列表显示重新编号后的元件标识符。

设置原理图标注规则后,单击右下角的"Reset All"按钮,弹出如图1-77所示"Information"对话框,提示元件标识符发生的变化,单击"OK"按钮,原来元件标识符中数字部分会消失而用"?"代替。

(1) 单击下方的"更新更改列表"按钮,也可以弹出"Information"对话框,提示元件标识符的变化,单击"OK"按钮,使元件标识符的变化显示在上方的列表中。

(2) 若这种元件标识符的变化满足要求,则单击"接受更改"按钮,弹出如图1-78所示的"工程变更指令"对话框。

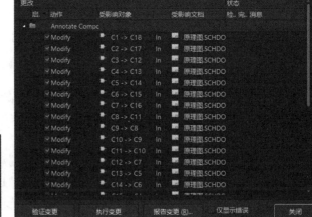

图1-77 "Information"对话框　　　　图1-78 "工程变更指令"对话框

（3）单击图1-78中的"验证变更"按钮，验证元件标识符变更的正确性，验证后弹出如图1-79所示对话框。可以执行的元件标识符变更，会在其右侧出现图标 ，如图1-79所示。

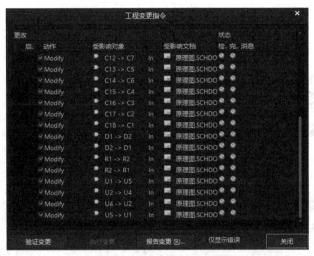

图1-79　验证变更后的"工程变更指令"对话框

（4）单击图1-79中的"报告变更"按钮，弹出如图1-80所示"报告预览"对话框，可以将修改后的元件标识符报表输出。单击"导出"按钮，以 Excel 格式保存当前报表文件。单击"打印"按钮，可以打印输出此报表文件。单击"关闭"按钮，关闭"报告预览"对话框。单击图1-79中"执行变更"按钮，执行对原理图元件标识符的重新标注。

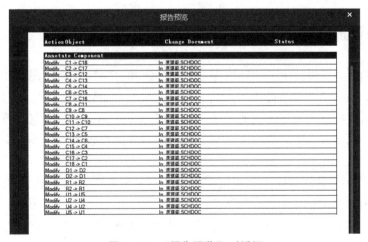

图1-80　"报告预览"对话框

1.1.10　反向标注原理图

在当前项目的 PCB 文件中对元件封装标识修改后，通过回溯标注原理图功能，可以将修改后的元件封装标识符标注在原理图中的对应元件标识符上。

单击"工具"菜单，选择"标注"→"反向标注原理图"命令，弹出"Choose WAS -

IS File for Back – Annotation from PCB"对话框，从中选择 WAS – IS 文件，用于从 PCB 文件更新原理图文件中元件标识符。

WAS – IS 文件是在 PCB 文件中执行"重新标注"命令后生成的文件，当选择此文件后，会弹出一个消息框，显示将被重新标注标识符的元件。单击"OK"按钮，弹出如图 1 – 81 所示"标注"对话框，在此预览被重新标注的元件标识符，若要执行这个回溯操作，则单击"接受更改（创建 ECO）"按钮，完成回溯标注原理图操作。

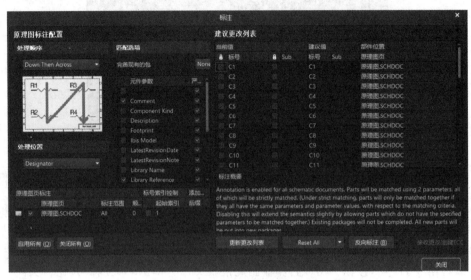

图 1 – 81　"标注"对话框

1.1.11　编译原理图

绘制原理图是为了设计电子线路板做前期准备工作，要保证原理图中所有元件及网络连接无误，这样制作出的电路板才能正确。所以，初步绘制好原理图后要对原理图进行电气规则检查，可以检查出原理图中的一些电气连接方面错误、是否有电气特性不一致的现象、未连接完整的网络、重复的流水号等不合理的电气冲突现象，这些都会对电子线路板设计产生影响。

单击"工程"菜单，选择"工程选项"命令，弹出如图 1 – 82 所示"Options for PCB Project"对话框，主要标签的功能如下。

（1）"Error Reporting"标签：设置原理图电气检测规则，系统根据此标签中的参数进行电气自动检测。

（2）"Connection Matrix"标签：设置与电路连接相关的检测规则。

（3）"Class Generation"标签：设置自动分类规则。

（4）"Comparator"标签：设置两个文档比较时的自动检测规则。

（5）"ECO Generation"标签：根据比较器检测信息，在此设置是否导入变更后的信息，用于原理图与 PCB 间的同步更新。

（6）"Options"标签：设置文件输出、网络表、网络标签等相关信息。

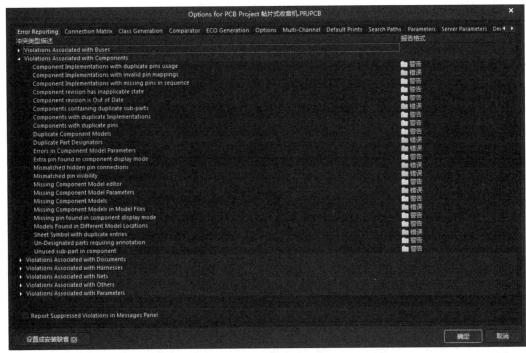

图 1 – 82　"Options for PCB Project" 对话框

（7）"Multi – Channel" 标签：设置多通道设计的相关信息。

（8）"Default Prints" 标签：设置默认的打印机输出选项内容。

（9）"Search Paths" 标签：设置搜索路径。

（10）"Parameters" 标签：设置项目文件参数内容。

（11）"Device Sheets" 标签：设置硬件设备列表。

（12）"Managed Output Jobs" 标签：设置管理设备选项内容。

1. "Error Reporting" 标签

"Error Reporting" 标签如图 1 – 82 所示，其中 "报告格式" 的设置一般采用系统的默认值，包括 "不报告""警告""错误""致命错误" 四个选项，也可以根据实际情况忽略一些设计规则的检测。

1）"Violations Associated with Buses" 选项组

（1）"Bus indices out of range"：总线入口网络名数字部分不在与其相连的总线栅格名数字部分的范围内。

（2）"Bus range syntax errors"：违反总线网络名的命名规则。

（3）"Illegal bus definitions"：连接到总线的元件类型有误。

（4）"Illegal bus range values"：总线栅格名的数字部分定义错误。

（5）"Mismatched bus label ordering"：总线网络标签错误。

（6）"Mismatched bus widths"：总线标号范围错误。

（7）"Mismatched Bus – Section index ordering"：总线分组索引排序方式错误。

（8）"Mismatched Bus/Wire object on Wire/Bus"：总线各类错误。

（9）"Mismatched electrical types on bus"：总线电气类型错误。

（10）"Mismatched Generics on bus First Index"：总线范围值的首位错误。

（11）"Mismatched Generics on bus Second Index"：总线范围值的末位错误。

（12）"Mixed generic and numeric bus labeling"：连到同一总线的网络标签错误。

2）"Violations Associated with Components" 选项组

其用于设置原理图元件及其属性的错误检测信息。

（1）"Component Implementations with duplicate pins usage"：元件引脚被重复使用。

（2）"Component Implementations with invalid pin mappings"：元件引脚与对应封装引脚标识不符。

（3）"Component Implementations with missing pins in sequence"：元件引脚丢失。

（4）"Component revision has inapplicable state"：修订版本的元件不适用。

（5）"Components containing duplicate sub – parts"：元件中包含了重复的子件。

（6）"Components with duplicate Implementations"：重复的元件。

（7）"Components with duplicate pins"：元件中有重复的引脚。

（8）"Duplicate Component Models"：重复定义元件模型。

（9）"Duplicate Part Designators"：元件中有重复的子件标号。

（10）"Errors in Component Model Parameters"：元件模型参数错误。

（11）"Extra pin found in component display mode"：元件显示模式有多余引脚。

（12）"Mismatched hidden pin connections"：元件隐藏引脚的电气特性有误。

（13）"Mismatched pin visibility"：引脚可视性不匹配。

（14）"Missing Component Model editor"：元件编辑器丢失。

（15）"Missing Component Model Parameters"：元件模型参数丢失。

（16）"Missing Component Models"：元件模型丢失。

（17）"Missing Component Models in Model Files"：模型文件丢失元件模型。

（18）"Missing pin found in component display mode"：元件显示模式丢失引脚。

（19）"Models Found in Different Model Locations"：模型对应不同路径。

（20）"Sheet Symbol with duplicate entries"：原理图符号中出现了重复端口。

（21）"Un – Designated parts requiring annotation"：未被标号的元件需要标注。

（22）"Unused sub – part in component"：对未使用的部分引脚设置为不进行任何的电气连接属性。

3）"Violations Associated with Documents" 选项组

其包括重复的图纸编号、重复的图纸符号名等。

（1）"Ambiguous Device Sheet Path Resolution"：不明确的设备图纸路径分辨率。

（2）"Duplicate sheet numbers"：重复的原理图编号。

（3）"Duplicate Sheet Symbol Names"：重复的原理图符号名称。

（4）"Missing child sheet for sheet symbol"：缺少子图原理图符号文件。

（5）"Multiple Top – Level Documents"：顶层文件过多。

（6）"Port not linked to parent sheet symbol"：主图符号与子图端口未连接。

（7）"Sheet Entry not linked to child sheet"：子图与原理图端口未连接。

（8）"Sheet Name Clash"：工作表名称冲突。

（9）"Unique Identifiers Errors"：唯一标识符错误。

4）"Violations Associated with Harnesses" 选项组

其显示违反与线束相关的错误。

5）"Violations Associated with Nets" 选项组

（1）"Adding hidden net to sheet"：添加隐藏网络。

（2）"Adding Items from hidden net to net"：为隐藏网络添加子项。

（3）"Auto‐Assigned Ports To Device Pins"：自动分配端口至元件引脚。

（4）"Bus Object on a Harness"：线束总线对象。

（5）"Differential Pair Net Connection Polarity Inversed"：网络极性反转。

（6）"Differential Pair Unproperly Connected to Device"：不正确的设备连接。

（7）"Duplicate Nets"：重复的网络。

（8）"Floating net labels"：浮动的网络标签。

（9）"Floating power objects"：浮动的电源符号。

（10）"Global Power‐Object scope changes"：与端口元件相连的全局电源对象已不能连接到全局电源网络，需要更改为局部电源网络。

（11）"Net Parameters with no Name"：未命名的网络参数。

（12）"Net Parameters with no Value"：未赋值的网络参数。

（13）"Nets containing floating input pins"：网络有浮动的输入引脚。

（14）"Nets containing multiple similar objects"：多个相似的网络对象。

（15）"Nets with multiple name"：重复的网络名。

（16）"Nets with No driving source"：无驱动源的网络。

（17）"Nets with only one pin"：只有单个引脚的网络。

（18）"Nets with possible connection problems"：网络中常见的连接问题。

（19）"Same Nets used in Multiple Differential Pair"：同名的多个差分网络。

（20）"Sheets containing duplicate ports"：重复的原理图端口。

（21）"Signals with multiple drivers"：有多驱动源的信号。

（22）"Signals with no driver"：无驱动源的信号。

（23）"Signals with no load"：无负载的信号。

（24）"Unconnected objects in net"：未连接网络的对象。

（25）"Unconnected wires"：存在未连接的导线。

6）"Violations Associated with Others" 选项组

（1）"Fail to add alternate item"：未添加替代项。

（2）"Incorrect link in project variant"：项目连接不正确。

（3）"Object not completely within sheet boundaries"：对象超出了原理图边界。

（4）"Off‐grid object"：对象偏离格点位置。

7）"Violations Associated with Parameters" 选项组

（1）"Same parameter containing different types"：参数相同而类型不同的元件。

（2）"Same parameter containing different values"：参数相同而值不同的元件。

2. "Connection Matrix" 标签

单击"Connection Matrix"标签，弹出如图1-83所示内容。在此定义与违反电气连接特性有关报告的错误等级，用图表描述了原理图中不同类型的连接点和是否被允许、端口和方块电路图上端口的连接特性等，并将其作为电气自动检查的执行标准。若要修改任意一个选项的错误级别，只要在对应选项的小方块上单击即可。四种错误等级是"No Report""Warning""Error""Fatal Error"。

此标签内容的设置与"Error Reporting"标签内容中的设置将共同对原理图进行电气特性的检测。所有违反规则的信息将以不同的错误等级在"Messages"面板中显示出来。单击 设置成安装缺省 (D) 按钮即可恢复系统的默认设置。

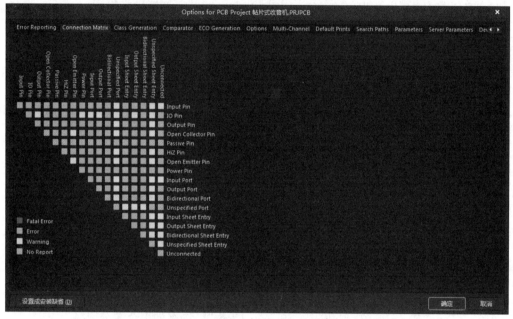

图1-83 "Connection Matrix"标签内容

3. "Comparator" 标签

用于设置当文件需要被修改时，可列出文件需要变更的地方。单击此标签中需要设置的选项，再单击其右侧的"模式"下拉框，从中选择"Find Differences"或"Ignore Differences"，如图1-84所示。设置后，单击"确定"按钮，可使设置生效。

4. "ECO Generation" 标签

ECO标签内容设置对一个项目来说很重要，因为由原理图中的对象和电气连接信息导入PCB编辑时，主要依据这个设置来操作。单击此标签中需要设置的选项，再单击其右侧的"模式"下拉列表中选择"Find Differences"或"Ignore Differences"，单击"确定"按钮，完成此标签内容设置，如图1-85所示。

5. "Options" 标签

设置文件输出路径、网络表选项输出路径、与输出相关选项内容，如图1-86所示。

1）"网络表选项"选项组

设置生成网络表的条件，主要内容如下。

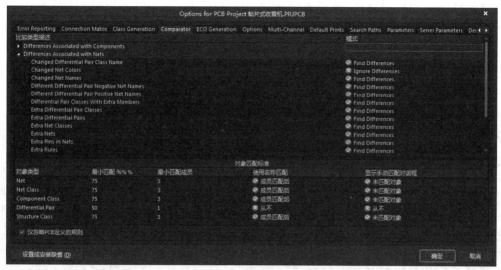

图1-84 "Comparator"标签

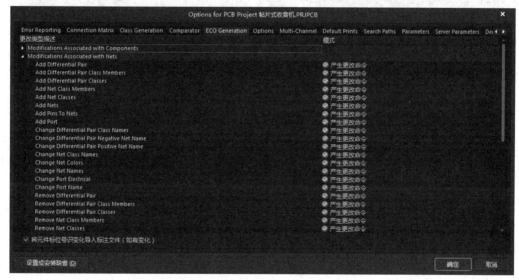

图1-85 "ECO Generation"标签

（1）允许端口命名网络：允许用系统产生的网络名替代与电路输入输出端口相连的网络名。

（2）允许页面符入口命名网络：允许使用系统产生的网络名替代与图纸入口相连的网络名。

（3）允许单独的管脚网络：允许系统自动将引脚号添加到网络名中。

（4）附加方块电路数目到本地网络：允许系统自动将图纸号添加到网络名中。

（5）高等级名称优先：设置生成网络表时排序优先权。

（6）电源端口名优先：生成网络表以电源端口命名有最高优先权。

2）"网络识别符范围"选项组

（1）"Automatic"：默认值，系统会检测项目图纸内容，自动调整网络标识符的范围。

（2）"Flat"："Net Label"的作用范围是当前图纸内，"Port"的作用范围是项目中所有图纸。

（3）"Hierarchical"："Net Label"与"Port"的作用范围都是当前图纸，Port可以与上层的Sheet Entry连接而在图纸之间传递信号。

（4）"Global"："Net Label"与"Port"的作用范围都是所有图纸。

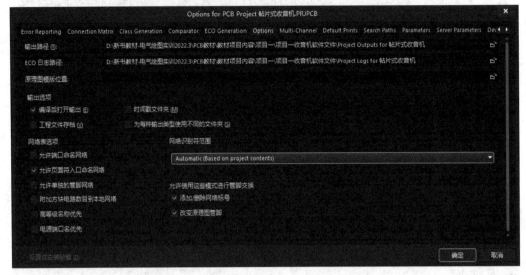

图1-86 "Options"标签

6. 编译原理图文件和项目

设计PCB项目后，要对其进行电气规则检查、连接矩阵设置、比较设置、输出路径设置、设置网络表选项等操作。设置了这些参数和选项后，进行项目编译时就会应用这些设置。

单击"工程"菜单，选择"Compile PCB Project"命令，系统即会执行编译原理图操作。完成编译原理图操作后的检测结果会出现在"Message"面板中，单击主窗口右下角的 Panels 按钮即可。

根据"Message"面板中的提示信息修改原理图，可以双击对应网络或元件，光标即可直接定位到原理图中对应的出错位置或元件处，原理图中其余对象呈被遮盖形式显示。一般"Warning"级别的错误不会影响PCB设计，因此警告级别的错误可以忽略，只需修改其他级别的错误。当然，系统的电气自动检测功能不是万能的。原理图经过编译后，一些复杂深度的错误并不能被发现，此时还要依靠平时积累的实战经验来解决问题。

1.1.12 生成原理图相关报表

编译原理图并根据提示信息进行修改，需要生成并输出与原理图相关的报表文件。

1. 网络表

网络表是一种包含原理图和PCB中各个对象信息和这些对象之间连接关系的文本文件。网络表可以从原理图中直接生成或从已完成布线的PCB中生成，还可以使用一般的文本编辑程序自行建立。

1）生成网络表文件

单击"设计"菜单，选择"文件的网络表"→"Protel"命令。此时在"Projects"面板当前项目文件列表中自动添加了"Generated"文件夹及其下级"Netlist Files"文件夹，此处存放当前原理图对应的网络表文件（. Net）。双击此网络表文件后的窗口如图 1 – 87 所示。

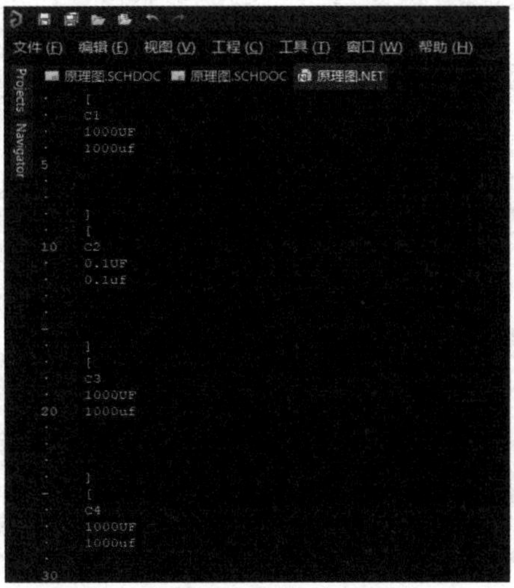

图 1 – 87   双击此网络表文件后的窗口

2）网络表文件格式

Protel 网络表文件是一个标准的 ASCII 码文本文件，在结构上可分为对象信息和网络连接信息两部分。

[	对象声明开始
C2	对象标识符
C1608 – 0603	对象封装名称
Cap	对象注释文字
	空行
]	对象声明结束
(	网络定义开始
VCC	网络名称
C2 – 1	对象序号为 C2，引脚号为 1
IC – 2	对象序号为 IC，引脚号为 2
R2 – 1	对象序号为 R2，引脚号为 1
RP – 1	对象序号为 RP，引脚号为 1
)	

2. 元件报表

元件报表中主要包括当前原理图（或当前项目）中所有元件的标识符、封装形式、库参考等内容，为采购元件和设计 PCB 做好准备。

1）生成元件报表文件

单击"报告"菜单，选择"Bill of Materials"命令，弹出如图1–88所示"Bill of Materials for Project"对话框。此对话框左侧选项区显示元件列表，右侧的"Properties"选项区包括"General"和"Columns"两个标签，用于设置元件报表中内容与格式。

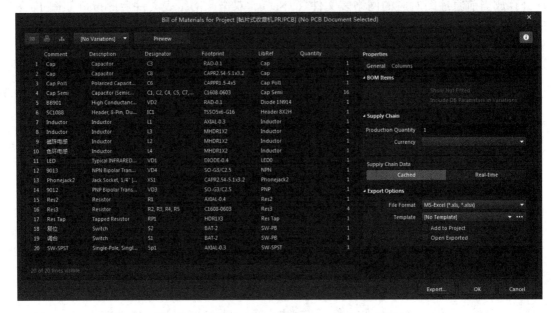

图1–88 "Bill of Materials for Project"对话框

（1）"General"（通用）。

① "File Format"：设置报表文件输出格式，包括CVS格式、XLS格式、PDF格式、HTML格式、TXT格式、XML格式。

② "Add to Project"：将生成的元件报表文件保存在当前项目中。

③ "Open Exported"：生成元件报表后自动打开。

④ "Template"：设置元件报表文件的模板，单击其右侧的 ••• 按钮，在弹出的对话框中选择相应的模板。

（2）"Columns"。

其用于设置需要显示的元件属性内容。

① "Drag a column to group"：设置元件的归类标准，将"Columns"下拉列表中某属性拖动至此下拉列表框中，则系统以此属性为标准对元件进行归类。

② "Columns"：需要显示在左侧列表中的列，单击此下拉列表中对应属性左侧按钮，使其显示为图标 ◙ 即可。

2）输出元件报表文件

单击图1–88中"Export"按钮，弹出"另存为"对话框。系统默认文件类型为XLS格式，输入文件名，单击"保存"按钮。生成的元件报表文件保存在由"工程"菜单→"工程选项"命令→"Options"标签设置的输出路径中。

1.1.13　打印输出原理图

打印输出原理图时，先要进行当前原理图的页面设置，再设置打印机选项等内容。

1. 页面设置

单击"文件"菜单，选择"页面设置"命令，弹出如图1-89所示"Schematic Print Properties"对话框。

（1）"打印纸"选项组：设置打印纸尺寸与方向。

（2）"偏移"选项组：设置水平方向和垂直方向的页边距。

（3）"缩放比例"选项组：包括以下两种缩放模式。

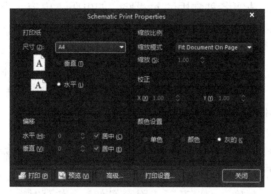

图1-89　"Schematic Print Properties"对话框

① "Fit Document On Page"：系统自动调整原理图比例，使其完整地打印到一张图纸上；

② "Scale Print"：按自定义比例打印原理图。

（4）"校正"选项组：修正打印比例。

（5）"颜色设置"选项组：设置打印颜色，包括"单色""颜色""灰的"三个选择。

（6）"预览"按钮：可以预览原理图打印效果。

（7）"打印设置"按钮：单击此按钮弹出如图1-90所示"Printer Configuration for"对话框，在此设置打印机的相关选项。

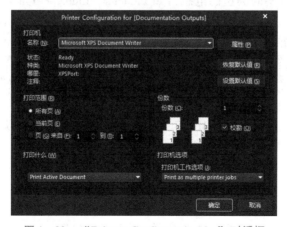

图1-90　"Printer Configuration for"对话框

2. 打印原理图

单击图 1-89 中的"打印"按钮；单击"文件"菜单，选择"打印"命令；单击"原理图标准"工具栏中图标■，三个操作都可以打印输出原理图。

1.1.14　原理图仿真

在软件中执行仿真，用元器件库放置所需的元件，连接好电路原理图，加上激励源，然后单击"仿真"按钮即可自动开始。在进行电路仿真之前首先要对电路设置初始状态，主要包括常用仿真元器件的参数设置、网络标号的参数设置、仿真激励源的设置、仿真方式的设置。

1. 常用仿真元器件的参数设置

常用仿真元器件库集成了各种常用的元器件，如电阻、电容、电感、晶振、三极管等，大多数元器件都具有仿真属性，可以直接用于仿真操作。对电路原理图进行仿真，电路图中所有元器件都必须包含详细而精确的仿真信息，才能保证完成仿真。仿真元件通常收录在仿真元器件库中，对元器件仿真参数的设置，是在把所有的元器件都看作是理想元器件的前提下进行的。仿真元件必须具有 Simulation 属性，所以在放置元器件时都需在属性对话框中添加并设定 Simulation 属性。

1）电阻

仿真元器件库提供了两种类型的电阻，即 Res（固定电阻）和 Res Semi（半导体电阻），对于固定电阻仿真参数设定比较简单，即电阻值。而半导体电阻主要应用于传感器应用场合，因此其电阻值与长度、宽度及环境因素都有关，仿真时需要设置这些参数。

2）电位器

仿真元器件库提供了多种类型的电位器，但需要设定的仿真参数却是相同的，其中 Value 与电阻元器件参数设定相同。

3）电容

仿真元器件库提供了无极性电容 CAP、有极性的固定容值电容 CAP Pol。而半导体电容除了 Value 参数项外，还包括 Length、Width 和 Initial Voltage。

4）电感

元器件库中有很多不同类型的电感，如 Inductor、Inductor Iron 等，电感在很多的特性上与电容的元件参数基本相同，也有两个基本参数设置，即 Value（电感的电感值）和 Initial Voltage（电感两端的初始端电流）。

5）二极管、三极管

元器件库提供了各种类型的二极管、三极管，其元器件仿真参数设置基本相同。

6）场效应管

元器件库中的场效应管主要有 MOSFET-N 和 MOSFET-P 两种类型，其元器件仿真参数设置基本相同。

7）晶振

元器件库提供了常用的晶振（XTAL）。

8）变压器

元器件库中有很多种不同类型的变压器，参数设置包括变压器 A 的电感值、变压器 B

的电感值、变压器的耦合系数。

9）熔丝

元器件库中有两种熔丝：FUSE1 和 FUSE2，但是仿真参数设置相同。参数设置有熔丝的内阻、熔丝熔断电流。

10）集成芯片的元器件

参数设置包括器件传输延迟时间、输入特性参数、输出特性参数、电源电流、电源电压。

2. 网络标号的参数设置

进行电路仿真前，对需要仿真的信号点或元器件用网络标号标注，通过网络标号进行仿真识别。常用的网络标号有结点电压初始值元件 IC 和结点电压设置元件 NS，存放在 Simulation Sources. IntLib 元器件库中。

1）结点电压初始值元件 IC

如果将结点电压初值元件 IC 放置在电路中，那么就相当于为电路设置了一个初始值，以便于进行电路的瞬态特性分析。

2）结点电压设置元件 NS

结点电压设置元件 NS 用来定义某个结点的电压预收敛值，主要应用于双稳态或单稳态电路进行瞬态特性分析时，仿真器按此结点电压取直流或者瞬态的初始电压值。结点电压设置元件 NS 仿真参数只有一个，即结点的电压预收敛值 Intial Voltage，一般情况下可不设此项。

3. 仿真激励源的设置

除了实际的原理图元器件外，仿真原理图中还会用到仿真激励源元件。仿真激励源是电路仿真时输入电路中的仿真测试信号，通过仿真激励源对电路作用，观察测试元器件及测试网络标号的输出波形，就可以判断电路的参数设置是否合理。只有激励元才能驱动电路，才能实现电路仿真。这些元件存放在 Simulation 库文件中。常用的激励源有直流激励源、正弦激励源、周期脉冲激励源、指数激励源、分段线性激励源、单频调频激励源。

4. 仿真方式的设置

选择好电路原理图的元器件并设置好仿真参数，还需要对电路原理图设置仿真方式。仿真方式的设置包含仿真运行通用参数的设置和具体仿真方式特有参数的设置。选择"设计"→"仿真"→"Mixed Sim"命令，双击仿真方式类型即可实现仿真方式的设置。

1）Operating Point Analysis

这种仿真方式主用应用在分析放大电路时。除此之外在进行瞬态特性分析和交流小信号分析时，为确定电路中非线性元件的线性化参数初始值，往往仿真方式也选择工作点分析配合使用。工作点分析方式中将仿真电路中的所有电容都看成开路，所有的电感都看成短路，从而计算各个结点对地的电压值，以及流过元件的电流。因此这种仿真方式不需要对仿真方式进行特定参数的设置。

2）Transient/Fourier Analysis

瞬态特性分析和傅里叶分析是仿真分析中最常见的一种类型，分析方式属于时域分析，其功能类似于示波器。在观察电路波形时，通常需要对输入输出量的幅度以及放大倍数要有一个初步的估计，以便将信号的幅度进行调整，得到合适的输出波形。可设定时间段和分析的步长，从初始时间开始，到规定的时间范围内，在设计者定义的时间间隔内计算变量瞬态输出电流或电压值，可以得到各结点电压、支路电流和元器件所消耗功率等参数的时间变化曲线。初始值可由直流分析部分自动确定，如果不使用初始条件，则静态工作点分析将在瞬态分析前自动执行，以测得电路的直流偏置。

3）DC Sweep Analysis

直流扫描分析是指规定的范围内，通过改变输入信号源的电压，从而得到输出直流传输特性曲线。每变化一次执行一次工作点分析，从而确定输入信号的最大范围和噪声容限，通常主要应用于直流转移特性的分析。

4）AC Small Signal Analysis

交流小信号应用于电路频率的分析，当输入信号频率发生变化时观察输出信号的变化情况。如果仿真电路中有储能元件，如电容、电感元器件，且输入信号是周期性交流信号，则通过改变输入信号的频率分析系统的频带、幅频特性和相频特性。

5）Noise Analysis

电路中常用的元器件电阻和半导体在使用中会伴随着杂散电容和寄生电容，产生信号噪声。噪声分析是将每个器件的噪声源在交流小信号分析的每个频率计算出相应的噪声，并传送到一个输出点，所有传送到该结点的噪声进行 RMS（均方根）相加，就得到了指定输出端的等效输出噪声。同时计算出输入源到输出端的电压（电流）增益，由输出噪声和增益就可得到等效输入噪声值。

6）Pole – Zero Analysis

零 – 极点分析主要应用于电路系统转移函数的零、极点位置进行仿真分析。

7）Transfer Function Analysis

传递函数分析主要应用于计算电路的直流输入、输出阻抗以及直流增益。

8）Temperature Sweep Analysis

温度扫描分析主要应用于在一定的温度范围内对电路参数计算，从而确定电路的温度漂移等性能指标。温度扫描分析通常是和交流小信号分析、直流分析及瞬态特性等分析中的一种或几种仿真分析确定电路的温度漂移性能指标。

9）Parameter Analysis

参数扫描分析主要应用于当电路中某一元件的参数发生变化时对整个电路性能的影响。软件允许设计者以自定义的增幅扫描器件，为研究电路参数变化对电路特性的影响提供了方便，从而确定元件参数以获得最佳电路性能。它常与直流、交流和瞬态特性分析结合使用。

10）Monte Carlo Analysis

蒙特卡罗分析主要应用于借助电路元器件模型参数设定的容差范围内，进行各种复杂的分析，包括直流分析、交流及瞬态特性分析。通过这些分析结果可以用来预测电路生产时的成品率及成本等。

完成以上各项操作后，执行菜单"设计"→"仿真"→"Mixed Sim"便可实现对电路原理图的仿真操作。如果电路没有错误，系统会将仿真结果存放在".sdf"文件中；如果有错误，则会弹出其相应错误信息的对话框。在".sdf"文件中可以查看仿真的波形及数据分析电路性能的优良，从而对电路参数进行重新设定，实现对电路原理图最满意的效果。

任务1.2　设计稳压电源电路板

任务描述

在当前项目中，新建"单层板.PcbDoc"文件，英制单位，使用单层电子线路板，电路板外形尺寸是 8 000 mil×5 000 mil；应用电路板元件布局工艺进行自动布局和手动布局；设计自动布线规则（电源和地线宽度是 25 mil，其余线宽可自行设置，优先布置接地和电源网络走线，安全距离自行设置）；自动布线并手动调整布线，如图 1-91 所示；进行补泪滴和信号层的覆铜操作，将覆铜与接地网络相连；编译无误，生成相关报表文件。

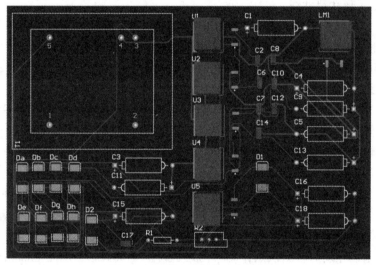

图 1-91　稳压电源单层电路板

任务目标

使用 AD 软件设计稳压电源的单层电子线路板文件，为制作电路板提供元件报表和光绘文件。通过完成本任务，学生掌握根据要求并在绘制完成的电路原理图基础上设计单层电子线路板的操作方法。

任务实施

1. 新建 PCB 文件

单击"工程"菜单，选择"添加新的…到工程"→"PCB"命令，新建的 PCB 文件默认文件名是"PCB1.PcbDoc"。单击"文件"菜单，选择"另存为"命令，在弹出的对话框中重新选择保存路径并命名文件名为"单层板"。

2. 设置 PCB 工作环境

单击"工具"菜单，选择"优先项"命令，在此设置 PCB 工作环境参数，使用系统默认值即可。

3. 设置 PCB 属性

在 PCB 文件中单击窗口右侧的"Properties"面板，打开"Board"属性编辑，在此设置当前 PCB 属性，使用系统默认值即可。

4. 设置电路板边界与板形

1）设置当前工作层

单击工作层标签 ▇ Mechanical 1，使其成为当前工作层。

2）设置板子原点

单击"编辑"菜单，选择"原点"→"设置"命令，光标变为十字形。按 Ctrl 键 + 滚轮键，放大板子至合适显示比例，同时移动光标至当前默认板子左下角顶点处单击，确定为板子原点，即原点坐标为"X：0 mil，Y：0 mil"，如图 1 - 92 所示。

3）放置板子形状尺寸线

（1）单击"放置"菜单，选择"尺寸"→"尺寸"命令，光标变为十字形且有尺寸字符悬浮在上方。移动光标至左下角原点处，待系统自动捕捉到原点时单击，确定尺寸线左侧顶点。

（2）按 Ctrl 键 + 滚轮键，同时沿水平方向向右移动光标，至尺寸线上显示"8 000 mil"时，单击确定尺寸线右侧顶点。

（3）此时仍处于放置尺寸状态，在右侧顶点处单击，向上沿垂直方向移动光标，同时按 Tab 键，右侧弹出"Projects"面板"Dimension"属性对话框，在"End point（X/Y）"右侧文本框中输入"8 000 mil，5 000 mil"。设置终点精确坐标后，在 PCB 窗口中单击 ▐▐ 按钮，完成尺寸放置操作，此时窗口如图 1 - 92 所示。

（4）放置线条：单击"放置"菜单，选择"线条"命令，光标变为十字形。移动光标至左下角原点处，待系统自动捕捉到原点时单击，确定第一条边界线的左侧顶点；按 Ctrl 键 + 滚轮键，同时沿水平方向向右移动光标，待系统自动捕捉到水平尺寸线右侧顶点时单击，确定第一条边界线的右侧顶点；此时仍处于放置线条状态，用与上面相同的方法绘制第二条、第三条和第四线边界。四条边界线绘制完成后，选中上步绘制的两条尺寸线并删除，此时窗口如图 1 - 93 所示。

4）重新定义 PCB 板形

选中四条 PCB 边界线，单击"设计"菜单，选择"板子形状"→"按照选择对象定义"命令，按 PCB 物理边界修改 PCB 板形，修改 PCB 板形后的窗口如图 1 - 94 所示。

图 1 - 92 PCB 尺寸线

图 1 - 93 PCB 边界线

图 1 - 94 修改 PCB 板形后的窗口

5. 设置 PCB 板层

单击"设计"菜单，选择"层叠管理器"命令，在此使用系统默认的工作板层。当前项目中 PCB 文件只在顶层放置元件布线，实现单层板性能。

6. 绘制 PCB 电气边界

单击工作层标签  Keep-Out Layer，使其成为当前工作层。单击"放置"菜单，选择"Keepout"（禁止布线）→"线径"命令，此时光标变为十字形，操作过程同上。绘制完成电气边界的 PCB 文件窗口如图 1-95 所示。

图 1-95　绘制完成电气边界的 PCB 文件窗口

7. 更新至电路板文件

在原理图文件，单击"设计"菜单，选择"Update PCB Document PCB1.PcbDoc"命令，弹出"工程变更指令"对话框，操作过程如下。

（1）单击"验证变更"按钮，在"检测"列表中都出现绿色图标 时表示无误，若此处出现红色图标 ，则需要修改原理图相应位置并重新保存编译后再导入网络表。单击"执行变更"按钮，系统将执行变更操作，所有成功导入的网络表信息项的"完成"列表栏会出现绿色图标 ，如图 1-96 所示。

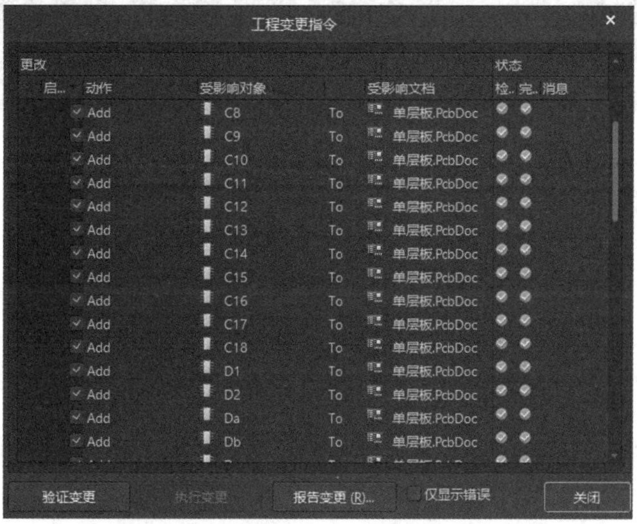

图 1-96　执行变更后的"工程变更指令"对话框

（2）单击"关闭"按钮，被导入元件位于板子右下侧，如图 1-97 所示。

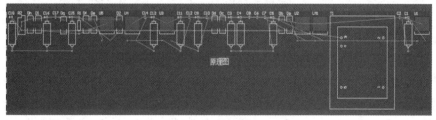

图 1-97　PCB 文件

8. 手动布局

在当前 PCB 中，手动布局的操作过程如下。

元件布局主要使用光标拖动的方法，单击"编辑"菜单，选择"移动"命令，光标变为十字形，指向需要调整位置的元件并按住光标，拖动光标并同时按 Space 键旋转元件方向，至合适位置处松开光标，即可调整元件位置与方向。手动布局并调整元件位置后的电路板如图 1-98 所示。

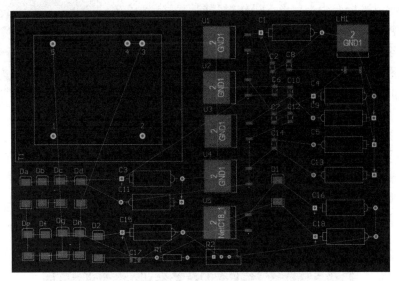

图 1-98 手动布局并调整元件位置后的电路板

9. 设置布线规则

单击"设计"菜单，选择"规则"命令，单击左侧列表中的"Routing"标签，操作过程如下：

1）设置线宽

（1）新建布线规则 1。光标指向"Width"右击，在弹出的快捷菜单中选择"新建规则"命令，在系统默认"Width"（线宽）规则下方出现"Width-1"。

（2）设置布线规则 1。双击左侧列表中的"Width-1"，在右侧规则窗口的"Where The Object Matches"选项下，其左侧下拉框中选择"Net"，在右侧下拉框中选择"GND1"，即为 GND 网络设置新线宽规则。在"约束"选项下，设置"最小宽度"为"10 mil""最大宽度"为"50 mil""首选宽度"为"20 mil"，如图 1-99 所示。用上述方法为" +5 V"网络设置布线宽度为"20 mil"。用上述方法为" +12 V"网络设置布线宽度为"20 mil"。"Width"布线规则如图 1-100 所示。

2）设置布线工作层

单击"Routing Layers"规则，在右侧窗口中取消勾选"Bottom Layer"复选框，即不在底层布线而只在顶层进行布线。

3）设置布线优先权

光标指向"Routing Priority"右击，在弹出的快捷菜单中选择"新建规则"命令，在系统默认"Routing Priority"规则下方出现"Routing Priority-1"。其左侧下拉框中选择

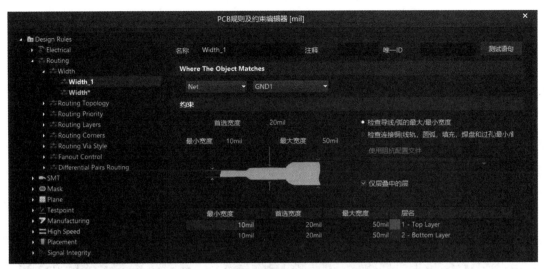

图1-99 设置布线规则1内容

名称	优...	使能的	类型	分类	范围	属性		
Width_3	1	✓	Width	Routing	InNet('+12V')	Pref Width = 20mil	Min Width = 10mil	Max Width = 50mil
Width_2	2	✓	Width	Routing	InNet('+5V')	Pref Width = 20mil	Min Width = 10mil	Max Width = 50mil
Width_1	3	✓	Width	Routing	InNet('GND1')	Pref Width = 20mil	Min Width = 10mil	Max Width = 50mil
Width*	4	✓	Width	Routing	All	Pref Width = 10mil	Min Width = 10mil	Max Width = 10mil

图1-100 "Width" 布线规则

"Net"，在右侧下拉框中选择"GND1"，即为 GND 网络设置新布线优先权。在"约束"选项下，设置"布线优先级"为"2"。"Routing Priority" 布线规则如图1-101所示。

名称	优...	使能的	类型	分类	范围	属性
RoutingPriority_ 1		✓	Routing Priority	Routing	InNet('GND1')	Priority = 2
RoutingPriority* 2		✓	Routing Priority	Routing	All	Priority = 0

图1-101 "Routing Priority" 布线规则

10. 执行自动布线

单击"布线"菜单，选择"自动布线"→"全部"命令，弹出如图1-102所示"Situs 布线策略"对话框。单击"编辑层走线方向"按钮，在弹出的"层方向"对话框中设置顶层水平走线，底层不布线，如图1-103所示。

系统自动布线会按布线优先权布置走线，自动布线期间先布线的网络中走线消失且出现顶层红色走线，自动布线过程会持续一段时间且会弹出"Messages"面板。自动布线完成的 PCB 如图1-104所示。

11. 调整元件信息

对 PCB 执行自动布线后，需要对元件信息的位置进行调整，避免使元件的文本信息遮挡 PCB 走线。使用自动布局操作命令执行调整元件信息操作，调整过程中不要移动已完成的 PCB 走线，否则会破坏相应的电气连接。

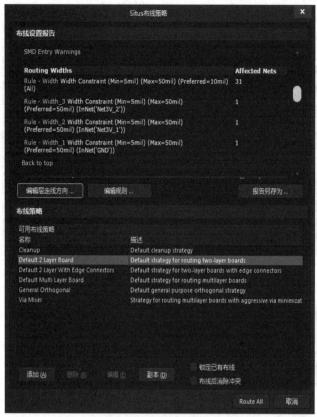

图 1 – 102　"Situs 布线策略"对话框

图 1 – 103　"层方向"对话框

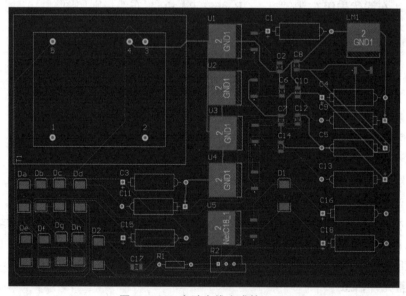

图 1 – 104　自动布线完成的 PCB

12. 设置补泪滴

单击"工具"菜单，选择"滴泪"命令，光标变为十字形，在弹出的"滴泪"对话框中使用系统默认值，单击"确定"按钮完成补泪滴操作。

13. 放置铺铜

单击"放置"菜单，选择"铺铜"命令，光标变为十字形，在电路板的禁止布线层边界线内画出一个闭合的多边形，每单击一次确定多边形的一个顶点，绘制完成后右击，即可完成当前铺铜的操作。

14. 显示 PCB 三维视图

在 PCB 文件中，单击"视图"菜单，选择"切换到三维模式"命令，则会显示当前 PCB 的三维效果图。

15. 设计规则检查并修改

单击"工具"菜单，选择"设计规则检查"命令，在弹出的"设计规则检查器"对话框中单击"运行 DRC"按钮，系统进行 DRC 检查。DRC 检查报告文件如图 1 – 105 所示。若 DRC 检查有错误信息，则需要回到 PCB 文件中进行修改再重新布线后保存。再次进行规则检查，保证电路板满足设计要求。

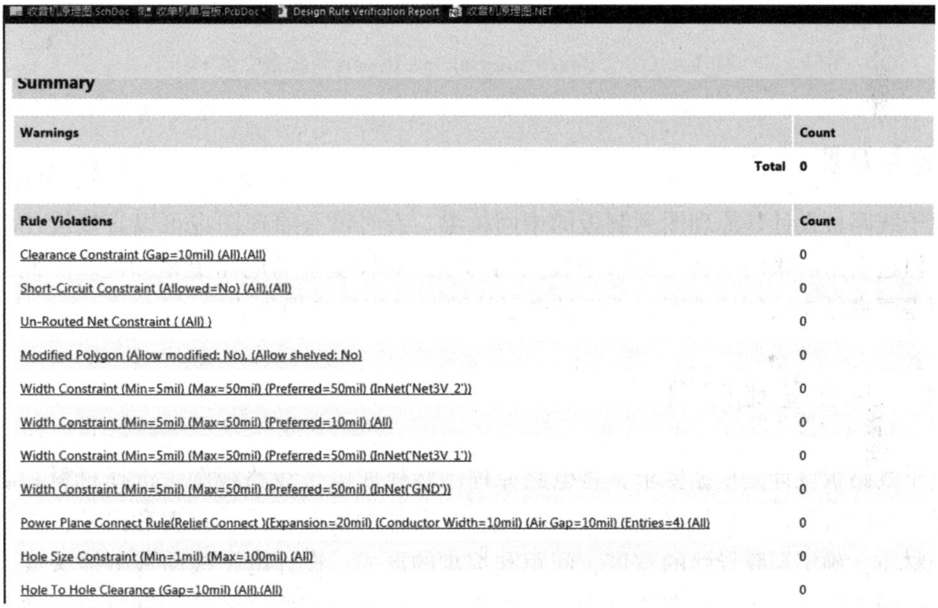

Summary		
Warnings		**Count**
	Total	0
Rule Violations		**Count**
Clearance Constraint (Gap=10mil) (All),(All)		0
Short-Circuit Constraint (Allowed=No) (All),(All)		0
Un-Routed Net Constraint ((All))		0
Modified Polygon (Allow modified: No), (Allow shelved: No)		0
Width Constraint (Min=5mil) (Max=50mil) (Preferred=50mil) (InNet('Net3V_2'))		0
Width Constraint (Min=5mil) (Max=50mil) (Preferred=10mil) (All)		0
Width Constraint (Min=5mil) (Max=50mil) (Preferred=50mil) (InNet('Net3V_1'))		0
Width Constraint (Min=5mil) (Max=50mil) (Preferred=50mil) (InNet('GND'))		0
Power Plane Connect Rule(Relief Connect)(Expansion=20mil) (Conductor Width=10mil) (Air Gap=10mil) (Entries=4) (All)		0
Hole Size Constraint (Min=1mil) (Max=100mil) (All)		0
Hole To Hole Clearance (Gap=10mil) (All),(All)		0

图 1 – 105　DRC 检查报告文件

16. 生成单层板报表与集成库文件

1）PCB 信息报表

单击 PCB 窗口右侧的"Properties"面板，单击"Board Information"选项组中的"Report"按钮，在弹出的"板级报告"对话框中单击"报告"按钮，生成"Board Information Report"文件并自动打开，如图 1 – 106 所示。

2）Gerber 文件

单击"文件"菜单，选择"制造输出"→"Gerber Files"命令，在弹出的"Gerber 设置"对话框中选中所有工作层，单击"确定"按钮生成 Gerber 文件。

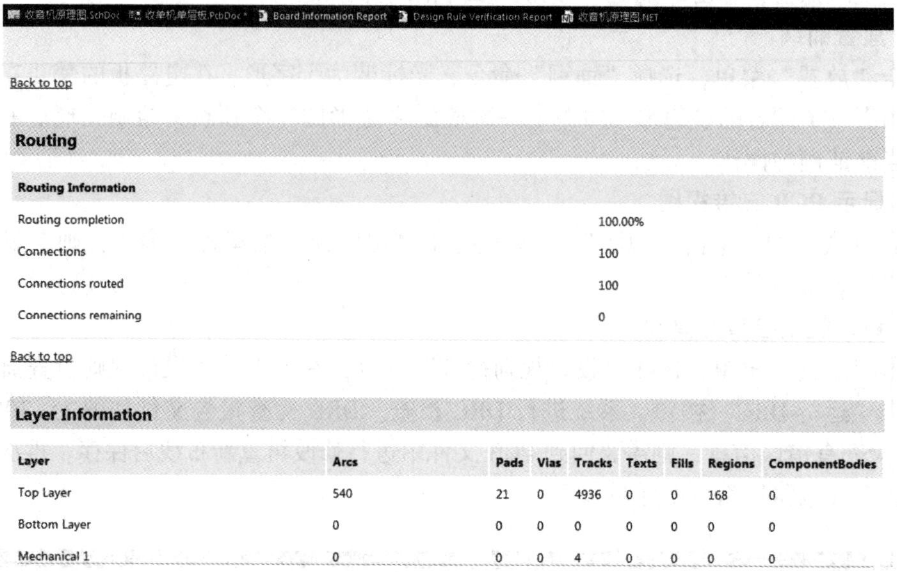
收音机原理图.SchDoc　收音机单层板.PcbDoc *　Board Information Report　Design Rule Verification Report　收音机原理图.NET

Back to top

Routing

Routing Information	
Routing completion	100.00%
Connections	100
Connections routed	100
Connections remaining	0

Back to top

Layer Information

Layer	Arcs	Pads	Vias	Tracks	Texts	Fills	Regions	ComponentBodies
Top Layer	540	21	0	4936	0	0	168	0
Bottom Layer	0	0	0	0	0	0	0	0
Mechanical 1	0	0	0	4	0	0	0	0

图 1－106　“Board Information Report”报告文件

任务知识

电子线路板设计是原理图到制板的中间桥梁。有时没有原理图也可以直接设计电子线路板，但这会给后来的项目维护带来较大的麻烦，对较复杂的电路更是如此。因此，每位学生都需要遵循先绘制原理图，再设计电子线路板的流程来操作。

1.2.1　PCB 基础知识

电子线路板设计是根据要求，将电路原理图转换成电子线路板图、选择材料和确定加工技术要求的过程。它包括确定电气、机械、元器件的安装方式、位置和尺寸；选择电子线路板材质，确定铜膜导线的宽度、间距和焊盘的形式；设计电子线路板上插头或连接器的结构；根据电路要求设计布线规则；准备电子线路板制作所需要的全部资料和数据。设计电子线路板时，要求必须符合原理图的电气连接和产品电气性能、机械性能的要求，并要考虑电子线路板加工工艺和电子产品装配工艺的基本要求。

1. 电子线路板结构

电子线路板根据不同的分类标准有不同的分类，根据板材的不同可分为纸制覆铜板、玻璃布覆铜板和挠性覆铜板等；根据板层的数目不同可分为单层板、双层板和多层板等。习惯根据板层的数目对电子线路板进行分类。

1）单层板

单层板是指一面有覆铜，而另一面没有覆铜的电子线路板，只能在单层板覆铜的一面布线和放置元件。单层板中安装元件的一面称为元件面，元件引脚焊接的一面称为焊接面。单层板成本低、过孔多，因此适用于元件较少且原理图较简单的电子产品。

2）双层板

双层板是指包括顶层和底层的两面都有覆铜、其中间有一层绝缘层的电路板，双面都可以布线，上下层之间的电气连接使用过孔来连接。双层板不再区分焊接面和元件面，习惯上在顶层放置元件，在底层焊接引脚。相对于多层板而言，双层板成本较低，两面走线使布线更容易，所以对于不是特别复杂、屏蔽要求不严格的电路来说，选择双层板是比较合适的。

3）多层板

在双层板的顶层和底层之间加上中间层、内部电源层或接地层等，即形成了多层板，各层之间的电气连接通过半盲孔、盲孔和过孔来实现。通常用在电气连接关系非常复杂的电路中，多层板的布线相对来说复杂得多，对设计者布线的技术经验有较高的要求，其制造成本相对较高。

2. 电路板的工作层类型

1）Signal Layer

主信号层用于放置元件和走线，包括 Top Layer、Bottom Layer、Mid Layer。

2）Internal Planes

内部电源层或接地层用于放置电源线和地线，通常是一片完整的锡箔。

3）Mechanical Layer

机械层，通常放置电路板轮廓、厚度、制造说明和其他信息说明，此层在打印和生成底片文件时是可选的。

4）Mask Layers

助焊膜层和阻焊膜层，用于对电子线路板表面进行特性处理。

5）Silkscreen Layers

丝印层，用于放置元件标号、说明文字等，以便于焊接和维护电路板时查找器件。在电子线路板上放置元件时，此元件的编号和轮廓线将自动地放置在丝印层上，包括顶层丝印层和底层丝印层。

6）其他工作层

其包括 Keep – Out Layer、Multi – Layer、Drill Guide、Drill Drawing。

实际的电子线路板真正存在的层并没有这么多，有些只是电气意义上的电路层而在实际电路板上并没有物理形式。而有些电路层是重叠的，如顶层和顶层丝印层。

3. 焊盘

焊盘用于元件引脚焊接固定在电子线路板上以完成电气连接，当设计焊盘时，要注意综合考虑此元件的形状、大小、布置形式等情况。通常焊盘的形状有岛形焊盘、圆形焊盘、矩形焊盘和正八边形焊盘，如果需要特殊焊盘，可以自己编辑。

4. 过孔

过孔是为连接各层之间的线路，在需要连通处钻一个公共孔即过孔。过孔内侧一般都由焊锡连通，用于插入元件引脚。过孔分为三种：从顶层贯穿到底层的穿透式过孔、从顶层通到内层或从内层通到底层的半盲孔、只贯通内部板层且没有穿透底层或顶层的埋孔。在电路板中添加过孔时，要注意的事项有：尽量少用过孔；如果用了过孔，注意其与周围对象的间隙；电路板载流量越大，所需的过孔尺寸越大。

5. 铜膜导线

电子线路板中的铜膜导线相当于原理图中的导线，其用于在电路板上连接各个焊盘，是电子线路板最重要的部分。

6. 元件封装

元件封装是实际元件焊接到电子线路板时对应的焊盘形状、位置与元件外观，因此，对于外形和焊盘类似的不同元件可以使用相同的元件封装；同时，一个元件也可有多个不同的封装。元件的封装可以在绘制原理图阶段指定，也可以在网络表中指定。系统元件都带有默认的元件封装，但实际使用时要根据实际元件来选择相应的元件封装，或者自己设计适当的元件封装。

元件封装常分为两类，即插针式元件封装（THT）和表面贴装式元件封装（SMT）。使用插针式封装的元件是将元件安装在电路板一面，将引脚焊接在另一面的元件。这种元件需要为每个引脚钻一个孔，所以它们的引脚要占用两面的空间而且焊盘也比较大。

1.2.2　PCB 设计流程

PCB 设计流程如图 1 – 107 所示。

图 1 – 107　PCB 设计流程

1.2.3　新建 PCB 文件

1. 使用菜单新建 PCB 文件

单击"工程"菜单，选择"添加新的…到工程"→"PCB"命令；单击"文件"菜单，选择"新的"→"PCB"命令；在"Project"面板中工程文件名上右击，在弹出的快捷菜单中选择"添加新的…到工程"→"PCB"命令，三种方式都可以新建 PCB 文件。

2. 用模板新建 PCB 文件

在当前项目文件中，单击"文件"菜单，选择"打开"命令，弹出"Choose Document to Open"对话框。此路径是系统默认存放模板文件的位置，相关的模板文件扩展名是".PrjPcb""PcbDoc"。从中选择合适的模板文件名，单击"打开"按钮，即可生成一个在此模板信息上的 PCB 文件。

3. PCB 文件工作窗口

新建一个 PCB 文件后进入如图 1-108 所示 PCB 编辑窗口，主要包括菜单栏、工具栏、工作面板、管理层设置按钮、Panel 按钮等。

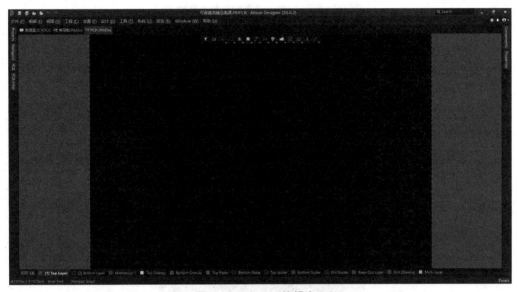

图 1-108   PCB 编辑窗口

1）PCB 菜单栏

PCB 菜单栏如图 1-109 所示，各个菜单主要功能如下。

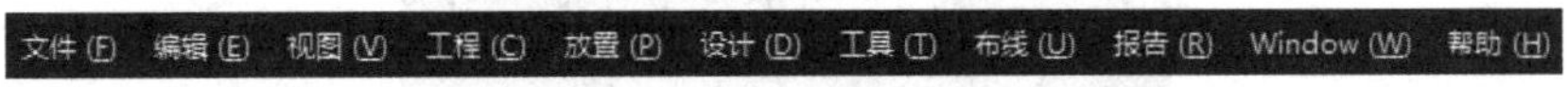

文件 (F)   编辑 (E)   视图 (V)   工程 (C)   放置 (P)   设计 (D)   工具 (T)   布线 (U)   报告 (R)   Window (W)   帮助 (H)

图 1-109   PCB 菜单栏

（1）"文件"菜单：PCB 文件的新建、打开、保存、关闭、页面设置、打印等操作。

（2）"编辑"菜单：PCB 文件对象的选择、复制、粘贴、查找、移动、对齐等操作。

（3）"视图"菜单：PCB 窗口缩放、栅格设置、工具栏设置、工作面板设置、状态栏设置、栅格与单位设置等操作。

（4）"工程"菜单：工程中文件的编译、添加、删除、关闭、打包、工程选项设置等操作。

（5）"放置"菜单：放置 PCB 文件中各种对象、铺铜、尺寸等内容。

（6）"设计"菜单：设置原理图与 PCB 同步更新、PCB 布线规则、板子形状、生成集成库、层叠管理器、网络表等操作。

（7）"工具"菜单：PCB 设计提供的各种工具，包括 DRC 检查、手动和自动布局、优选项等功能。

（8）"布线"菜单：与 PCB 布线操作相关的功能命令。

（9）"报告"菜单：生成 PCB 报表文件、测量距离、项目报告等功能。

（10）"Window"菜单：当前各窗口的排布方式、打开或关闭文件等操作功能。

（11）"帮助"菜单：有关软件及操作内容的帮助功能。

2）PCB 工作面板

PCB 编辑器启动后进入 PCB 工作环境会自动弹出"PCB"面板，如图 1－110 所示。在此面板中，按条件显示当前 PCB 文件中所有网络名称、元件封装名称、各种类型对象布线信息、PCB 预览等内容。

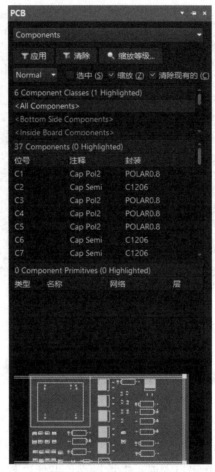

图 1－110 "PCB"面板

3）PCB 工具栏

（1）"PCB 标准"工具栏。

如图 1－111 所示，"PCB 标准"工具栏包括文件打开、复制、粘贴、保存、查找、选择、撤消打印、缩放、PCB 视图等命令。

图 1－111 "PCB 标准"工具栏

（2）"应用工具"工具栏。

如图 1 - 112 所示，"应用工具"工具栏包括应用工具、排列工具、选择工具、放置尺寸、放置房间、栅格样式等命令，命令按钮还有下一级子命令。

（3）"布线"工具栏。

如图 1 - 113 所示，"布线"工具栏包括自动布线、交互式布线、放置过孔、放置焊盘、放置圆弧、放置填充、放置字符串、放置器件等命令。

图 1 - 112 "应用工具"工具栏   图 1 - 113 "布线"工具栏

1.2.4 设置 PCB 工作环境

单击"工具"菜单，选择"优先项"命令，弹出如图 1 - 114 所示"优选项"对话框，包含 11 个选项，常用选项有"General""Display""Defaults"等。

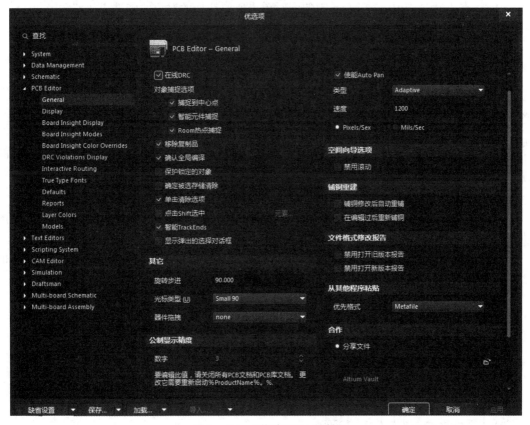

图 1 - 114 "优选项"对话框

1. "General" 标签

设置 PCB 文件工作环境参数，如图 1 - 114 所示，其主要功能如下：

1）"编辑选项"选项组

（1）在线 DRC：标记违反 PCB 设计规则的位置。

（2）捕捉到中心点：光标会自动移到对象中心、焊盘或过孔的中心、元件的第一个引脚、导线的一个顶点。

（3）智能元件捕捉：选中元件时光标会自动移到离单击处最近的焊盘上。

（4）Room 热点捕捉：当选中元件时光标将自动移到离单击处最近 Room 热点上。

（5）移除复制品：数据输出时会同时产生一个通道，用于检测通过的数据并将重复的数据删除。

（6）确认全局编译：在进行全局编译时，系统会弹出一个对话框，提示当前的操作将影响对象的数量。

（7）保护锁定的对象：对锁定的对象进行操作时，系统会弹出一个对话框提示是否继续此操作。

（8）确定被选存储清除：删除某个存储时系统会弹出一个警告对话框。

（9）单击清除选项：单击选中一个对象，再选择另一个对象时，上一次选中的对象将恢复未被选中的状态。若不选此项，系统将不清除上一次的选中对象。

（10）点击 Shift 选中：按 Shift 键的同时单击所要选择的对象才能选中该对象。

2）"其他"选项组

（1）旋转步进：放置元件时，按 Shift 键可改变元件的放置角度。

（2）光标类型：包括"Large90""Small90""Small45"三个类型。

（3）器件拖曳："Connected Tracks"，表示拖动元件同时拖动与元件相连的布线；"None"，表示只拖动元件。

3）"公制显示精度"选项组

"数字"文本框，在此设置数值的数字精度，即小数点后数字的保留位数。此选项的设置必须在关闭所有 PCB 文档及 PCB 库文件后才可设置。

4）"自动平移选项"选项组

（1）使能 Auto Pan：执行任何编辑操作时及鼠标指针处于活动状态时，将鼠标指针移动超出任何文档视图窗口的边缘，将导致文档在相关方向上进行平移。

（2）类型：设置视图自动缩放的类型，包括"Re-Center""Fixed Size Jump""Shift Accelerate""Shift Decelerate""Ballistic""Disable""Adaptive"。

（3）速度。若"类型"中选择了"Adaptive"会激活此选项，在此设置缩放步长，单位包括"Pixels/Sec""Mils/Sec"。

5）"空间向导选项"选项组

"禁用滚动"复选框功能是指导航文件中不可滚动图纸。

6）"铺铜重建"选项组

铺铜修改后自动重铺、在编辑过后重新铺铜。

7）"文件格式修改报告"选项组

设置是否可用新旧版式报告。

8）"从其他程序粘贴"选项组

"优先格式"下拉列表框设置粘贴格式，包括"Metafile"和"Text"。

9)"合作"选项组

"分享文件"单选项,用于选择与当前 PCB 文件协作的文件。

10)"Room 移动选项"选项组

勾选"当移动带有锁定对象的时询问"复选框,重新铺铜时,铺铜将位于走线上方。

2. "Display"标签

如图 1 – 115 所示,设置屏幕和对象显示模式。

图 1 – 115　"Display"标签

1)"显示选项"选项组

"Antialiasing 开/关"复选框,用于设置开启或禁用 3D 抗锯齿。

2)"高亮选项"选项组

(1)完全高亮:选中的对象以当前颜色突出显示,否则,对象将以当前颜色被勾勒出来。

(2)当 Masking 时候使用透明模式:"Masking"时其余对象呈透明显示。

(3)在高亮的网络上显示全部元素:在单层模式下系统将显示所有层中的对象,而且当前层被高亮显示出来;取消该复选框的勾选,单层模式下系统只显示当前层中的对象,多层模式下所有层的对象都会在高亮的栅格颜色中显示出来。

(4)交互编辑时应用 Mask:在交互式编辑模式下可用"Mask"功能。

(5)交互编辑时应用高亮:在交互式编辑模式下可用高亮显示功能,对象的高亮颜色需在"视图设置"对话框中设置。

3）"层绘制顺序"选项组

层绘制顺序：指定层的顺序。

3. "Defaults"标签

设置 PCB 文件设计中对象的默认值，如图 1 - 116 所示，主要选项功能如下。

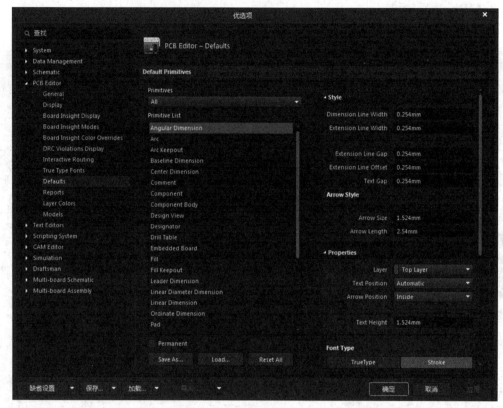

图 1 - 116 "Defaults"标签

（1）"Primitives"下拉列表框：包括所有可以编辑的元件总分类。

（2）"Primitive List"列表框：列出了所有可以编辑的元件对象选项，单击其中一项，则其右侧"Properties"选项组中会显示相应的属性设置，可修改元件的属性。

若需要取消以前修改的参数设置，只要单击"优先设置"对话框左下角的"缺省设置"按钮并在下拉菜单中选择相应命令，可将当前或者所有参数设置恢复到原来的默认值。

1.2.5 编辑 PCB 文件

1. 设置 PCB 文件选项

在 PCB 文件中单击窗口右侧的"Properties"面板，打开"Board"属性面板，如图 1 - 117 所示，功能如下。

（1）"Search"文本框：用于在面板中搜索所需内容。

（2）"Selection Filter"选项组：单击此选项卡左侧 ▶ 按钮，可单击选中下拉列表中的过滤对象。

（3）"Snap Options"选项组：设置是否启用捕获功能。"Grids"：捕捉到栅格；"Guides"：捕捉到向导线；"Axes"：捕捉到对象坐标。

（4）"Snapping"选项组：设置捕捉对象所在工作层，包括"All Layers""Current Layer""Off"。

（5）"Objects for snapping"选项组：设置捕捉对象范围，包括"Snap Distance""Axis Snap Range"。

（6）"Board Information"选项组：显示PCB文件中元件、网络、工作层、板子、其他对象相关的详细内容。单击"Board"按钮，弹出"板级报告"对话框，系统会生成PCB报表文件并自动在工作区中打开。

（7）"Grid Manager"选项组：在此设置捕捉栅格属性与参数。

（8）"Guide Manager"选项组：设置PCB中的向导线，可以添加或放置横向、纵向、+45°、-45°、捕捉栅格的向导线。

（9）"Other"选项组：设置单位选项、多边形命名格式、标识符显示方式等参数内容。

2. 规划PCB板外形

1）设置PCB物理边界

单击"Mechanical1"图标，使其成为当前工作层，在此层中设计PCB的物理边界。

（1）新建一个PCB文件，其窗口下方出现如图1-118所示工作层标签，默认包括13个工作

图1-117 "Board"属性面板

层，分别是"Top Layer"（顶层）、"Bottom Layer"（底层）、"Mechanical1"（机械层）、"Top Overlay"（顶层丝印层）、"Bottom Overlay"（底层丝印层）、"Top Paste"（顶层锡膏防护层）、"Bottom Paste"（底层锡膏防护层）、"Top Solder"（顶层阻焊层）、"Bottom Solder"（底层阻焊层）、"Drill Guide"（钻孔绘制层）、"Keep-Out Layer"（禁止布线层）、"Drill Drawing"（钻孔层）、"Multi-Layer"（多层）。

LS ◄ ► □ [1] Top Layer ■ [2] Bottom Layer ■ Mechanical 1 ■ Top Overlay ■ Bottom Overlay □ Top Paste □ Bottom Paste □ Top Solder □ Bottom Solder □ Drill Guide □ Ke

图1-118 工作层标签

（2）单击工作层标签中的图标 □ Mechanical 1，使其成为当前工作层。

（3）单击"放置"菜单，选择"线条"命令，光标变为十字形。在PCB窗口合适的位置处单击确定线条第一个顶点，再次在合适位置处单击确定下一个顶点，依此顺序操作构成一个封闭的PCB外形。

（4）右击或按Esc键退出当前外形绘制操作，此时光标仍处于十字状态，可以继续绘制外形。若需要结束放置线条命令则可再次右击退出。

（5）设置线条属性。双击任意一线条，即进入"Properties"属性面板的"Track"选项，如图1-119所示。"Location"选项：在此精确设置当前线条的位置坐标，单击右侧🔓按钮，可以锁定当前线条位置；"Properties"选项组：设置当前线条的网络、工作层、起始点坐标、宽度、终点坐标信息。

2）修改PCB板形

设置好PCB的物理边界后，还需要按此修改板子实际形状。

（1）按照选择对象定义。先选中绘制完成的PCB物理边界线条；再单击"设计"菜单，选择"板子形状"→"按照选择对象定义"命令，按PCB物理边界修改后的PCB板形如图1-120所示。

（2）根据板子外形生成线条。单击"设计"菜单，选择"板子形状"→"根据板子外形生成线条"命令，弹出如图1-121所示"从板形而来的线/弧原始数据"对话框。设置好参数后，单击"确定"按钮，板子边界自动转化为线条。

图1-119 "Properties"属性面板的"Track"选项

图1-120 按PCB物理边界修改后的PCB板形

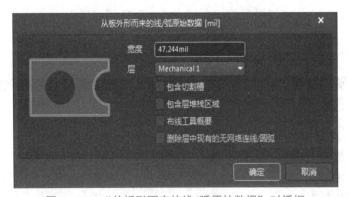

图1-121 "从板形而来的线/弧原始数据"对话框

3）设置PCB布线边界

板子上所有实现电气连接的铜箔线不能出现在布线边界以外，具体操作方法如下。

（1）单击"Keep – Out Layer"标签，使其成为当前工作层。

（2）单击"放置"菜单，选择"Keepout"→"线径"命令；或单击"快捷"工具栏中的图标，都可以使光标变为十字形，在当前工作窗口中绘制一个封闭的形状。

（3）右击或按 Esc 键，退出绘制布线边界操作。绘制完成物理边界与布线边界的 PCB 如图 1 – 122 所示。

3. 设置 PCB 板层及颜色

1）设置 PCB 板层

单击"设计"菜单，选择"层叠管理器"命令，弹出如图 1 – 123 所示对话框，包括增加工作层、删除工作层、移动工作层位置、设置各工作层属性。

图 1 – 122 绘制完成物理边界
与布线边界的 PCB

（1）系统默认板层。层叠管理器默认为双层板，包括两个信号层。在层叠管理器中从上至下的工作层设计顺序要与 PCB 实物保持一致。

（2）设置板层操作。右击某一工作层，弹出如图 1 – 124 所示快捷菜单，在此选择相应命令，可以实现在当前层前或当前层后插入、删除工作层，可以移动、复制工作层。

（3）单击某一工作层中的图标，可以在弹出的对话框中设置当前层所用材质。

（4）层叠管理器类型：是指绝缘层在 PCB 中的排列顺序，系统默认三种类型，即"Layer Pairs""Internal Layer Pairs""Build – up"。改变层叠管理器类型会改变 Core 层和 Prepreg 层在层栈中的分布，当需要用到盲孔或埋孔时才需要设置层堆叠类型。

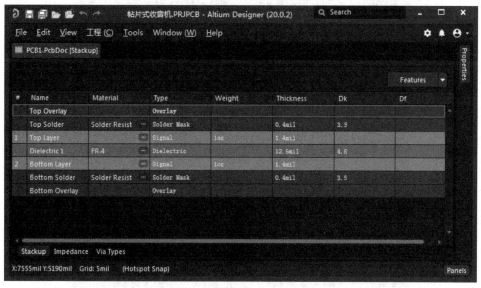

图 1 – 123 "层叠管理器"对话框

2）设置 PCB 板层颜色

PCB 中各对象以颜色区分所在工作层，单击窗口右下角 Panels 按钮，在弹出的快捷菜单中选择"View Configuration"命令，弹出如图 1 – 125 所示"View Configuration"面板，包括"Layers"和"System Colors"两个选项组。

（1）"Layers"选项组。图标■：切换当前类型中包含的所有工作层是否显示；图标■：单击后可在出现的颜色列表中单击相应的色块即可改变当前层颜色；"Layer Sets"：单击右侧下拉按钮，在出现的下拉列表中选择任一层组。

（2）"System Colors"选项组。设置 PCB 中各类型对象颜色与显示状态，其中常用的"Connection Lines"选项用于显示或隐藏飞线。

图 1 - 124　板层设置快捷菜单

4. 生成工程变化订单

同步器是检查当前的原理图文件和 PCB 文件，比较两个文件各自的网络表，比较后得出的不同的网络信息作为更新信息。再根据更新信息，来实现原理图设计与 PCB 设计的同步。单击"工程"菜单，选择"工程选项"命令，在弹出的"Option for PCB Project"对话框中单击"Comparator"标签，在此设置同步比较规则。单击此标签中需要设置的选项，再单击其右侧的"模式"下拉框，从中选择"Find Differences"或"Ignore Differences"即可完成同步内容设置，单击"确定"按钮，可使设置生效。

图 1 - 125　"View Configuration"面板

打开当前项目文件中的原理图文件，生成工程变化订单操作过程如下：

（1）单击"设计"菜单，选择"Update PCB Document PCB1. PcbDoc"命令，弹出如图 1 – 126 所示"工程变更指令"对话框。"动作"列表中包括"Add Components""Add Nets""Add Component Classes""Add Rooms"四个选项组，即将原理图中相关信息分类，并将其导入相应 PCB 文件中。

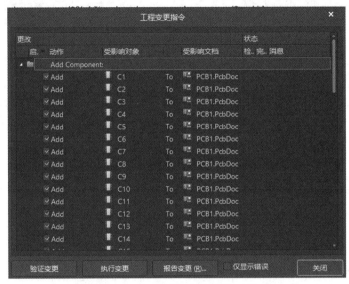

图 1 – 126   "工程变更指令"对话框

（2）单击"验证变更"按钮，系统检测所有变更后，弹出如图 1 – 127 所示对话框。在检测成功的每一项后所对应的"检测"列表中，会出现绿色图标■；检测未成功的选项会在其所对应的"检测"列表中出现红色的图标■。

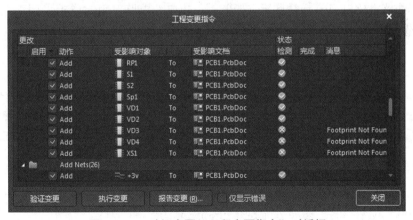

图 1 – 127   验证变更"工程变更指令"对话框

（3）单击"执行变更"按钮，所有成功导入的网络表信息项的"完成"列表栏会出现绿色图标■。单击"关闭"按钮，被导入 PCB 中的网络表中信息都在一个紫色边框的布线框中，且位于板子右下侧，如图 1 – 128 所示。原理图元件在 PCB 中以元件封装形式显示，各个元件封装之间用飞线保持着互相的电气连接。

提示：飞线是在 PCB 文件中导入网络表后，出现在各对象引脚间表示各网络连接关系的灰色线条，执行布线命令实现铜膜导线的真正连线后，飞线会自动消失。

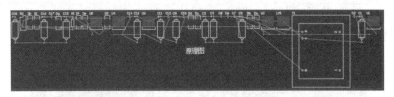

图 1-128　导入网络表后的 PCB

任务 1.3　制作稳压电源电路板

任务描述

电子线路板是一种常见的电子元器件，广泛应用于电子产品中。电子线路板是最重要的电子部件，是电子元器件的承托体，是电子元器件电气连接的提供者，其设计主要是板图设计；采用电子线路板可以很大程度地减少布线和装配的差错，提高了自动化水平和生产率。

通常电子产品中的电子线路板由专业生产厂家制作，但是在科研、产品试制或者课程设计、毕业设计等情况下，一般只需要制作少量的电子线路板，如果委托专业厂家制作，不仅费用高而且周期长，当设计的电子线路板出现问题时还不便于修改。因此，自动化相关专业学生应该学习一些手工自制电子线路板的方法和技能。

本任务是制作稳压电源的单层电子线路板，因其结构简单，所用电子元器件数量少，电子线路板线路也比较简单，并且所选择的是稳压电源电路，因此要求采用工艺比较简单、制作成本比较低的热转印方法制作电子线路板，不需制作丝印层和阻焊层。

任务目标

通过完成稳压电源电子线路板的制作（不需制作丝印层和阻焊层），简单学习热转印法制作单层电子线路板的基本制作工艺和制作方法。任务具体目标包括覆铜板的板材选择、下料，板面处理的操作方法，使用热转印法进行图形转移的方法，台钻的使用方法。

任务实施

热转印工艺制作单层电子线路板的操作过程具体包括准备材料、裁板、处理覆铜板表面、打印图形、图形转移、线路腐蚀和钻孔等步骤。

1. 准备材料

根据本任务要求，需要准备的设备和材料主要包括裁板机、电路板抛光机、计算机、激光打印机、热转印机、高速台钻、覆铜板、热转印纸、纸胶带、剪刀、三氯化铁。

2. 裁板

根据设计好的稳压电源的 PCB 图大小来确定所需 PCB 基板的尺寸规格。由于稳压电源的 PCB 基板尺寸较小（55 mm×25 mm），为了便于后面工序的操作，建议按照 4~6 个稳压电源 PCB 基板的规格使用手动裁板机进行裁板。

将待裁剪的板材置于裁板机底板上，其中一条直边对齐裁板机底板上的刻度尺，另一条边和底板上的刻度线重合；确定裁板位置，一只手握住压杆手柄向下压杆，完成一条边的剪裁。重复上述步骤，完成多条边、多块板材的裁剪。

操作注意事项：为了方便后续工序的加工，裁板时注意基板四周预留余边。

3. 处理覆铜板表面

通过电路板自动抛光机对覆铜板进行表面抛光处理，去除覆铜板金属表面氧化物保护膜及油污。具体步骤如下：

（1）旋转刷轮的调节手轮，调整上、下刷轮与不锈钢辊轴间隙；

（2）开启水阀，喷水冲洗覆铜板表面使其更干净；

（3）调节速度调节旋钮，使传送滚轮速度能达到最好的表面处理效果；

（4）将待处理的覆铜板置于传送滚轮上，自动完成板材去氧化物层、油污等全过程。

操作注意事项：不要直接用手碰触抛光后的覆铜板铜箔，防止手上的汗液、油脂对覆铜板造成再次污染。

4. 打印图形

1）PCB 图排版

使用激光打印机将已设计好的 PCB 的顶层图形打印在热转印纸的光滑面上。为了提高热转印纸利用率，可以在一张热转印纸上将 PCB 图排满。

2）设置打印属性

打开稳压电源 PCB 文件，选择菜单"文件"→"页面设置"命令，弹出"Schematic Print Properties"对话框，如图 1 –129 所示。在"打印纸"选项组的"尺寸"选项中选择图纸大小为 A4，并根据 PCB 板排版情况将打印版式选择为"垂直"，即图纸纵向打印；在"缩放比例"选项组的"缩放模式"选项中选择"Scaled Print"，即按照比例打印，"缩放"选项设定为 1。

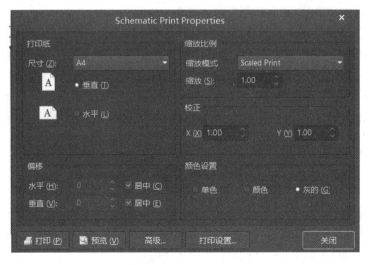

图 1 –129　"Schematic Print Properties"对话框

3）设置打印机属性

单击下方"打印设置"按钮，进入"Printer Configuration for"对话框。也可以选择菜单"文件"→"打印"命令，直接弹出"Printer Configuration for"对话框。在"打印机"选项组选择已安装好的激光打印机，如图 1-130 所示。在打印机纸盒中放好热转印纸，单击"OK"按钮，打印输出 PCB 图形，如图 1-131 所示。热转印纸为一次性用纸，不允许重复使用；由于在向覆铜板进行图形转印时，图形会发生水平 180°翻转，因此打印图形时要注意打印镜像图形；不要碰触打印好的图形，避免造成线路断裂或模糊，影响图形转移质量。

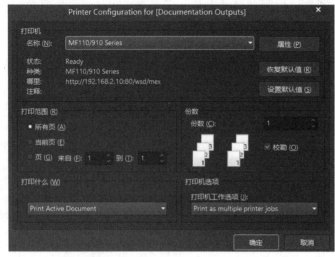

图 1-130 "Printer Configuration for"对话框

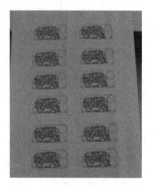

图 1-131 打印好的稳压
电源 PCB 图形

5. 图形转移

将热转印纸上的 PCB 图形转移到基板上，具体操作过程如下：

1）贴图

首先把热转印纸裁剪成略小于基板的尺寸，将热转印纸上的图形一面朝向覆铜板金属面，然后使用耐热纸胶带将热转印纸粘贴在覆铜板上。

2）热转印机预热

热转印机如图 1-132 所示。接通热转印机电源，其内部进行自检，电机和加热器同时进入工作状态，几秒后显示加热辊即时温度。然后按温度设定键，设定热转印机工作温度。墨粉的融化温度最佳点一般在 180 ℃左右，温度过高会使过度融化的墨粉扩散到原有线条的四周，造成图形模糊、精度变差、烧焦；温度过低或温度不均匀时，又会出现转印效果差，甚至不能转印。通常可将热转印机的工作温度设定在略高于 180 ℃。

控制面板

进料口

图 1-132 热转印机

3）图形转印

热转印机达到设定温度后，将覆铜板从粘贴胶带的一侧向里送入热转印机进行图形转移，如图1-133所示，转印完毕且待覆铜板温度降下来后，将热转印纸揭去，观察线路转印情况，如有断线、砂眼缺陷，使用油性记号笔进行修板。热转印机工作过程中切勿触摸热转印机散热孔上方，避免温度过高而烫伤。揭除热转印纸，选择在电路板冷却至刚好不烫手时效果最好。若待电路板完全冷却至室温或者刚转印完还比较烫的时候揭除热转印纸，有时会导致转印不完全。

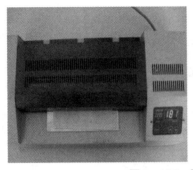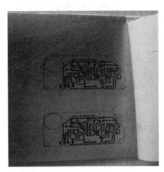

图1-133　图形转印

6. 线路腐蚀

为了将没有墨粉保护的、不需要的铜箔去除，利用腐蚀液进行线路腐蚀，留下所需的印制线路，如图1-134所示。

1）配置腐蚀液

将水和三氯化铁以2：1的比例进行配置，温度一般以40~50 ℃为宜，盛放腐蚀液的容器应选择塑料容器或搪瓷盆（不得使用铜、铁、铝等金属制品容器）。

2）腐蚀

将转印好的覆铜板铜箔面向上放入三氯化铁溶液中进行腐蚀，使铜箔面完全浸入腐蚀液。腐蚀过程中可以通过提高腐蚀液温度，并在腐蚀过程中使用均匀摇动容器或者用毛笔在印制板上来回刷洗的方法提高腐蚀速度，但不可用力过猛，防止墨粉保护膜脱落。为了避免过度腐蚀造成线路的侧腐蚀，要注意观察覆铜板腐蚀情况，一旦腐蚀完成，要马上将覆铜板取出，并用清水冲洗、晾干。

3）表面处理

使用有机溶剂或水磨砂纸，轻轻打磨去除腐蚀好的印制线路表面上的墨粉保护层。

图1-134　线路腐蚀

7. 钻孔

使用如图 1 – 135（a）所示的台钻，对印制线路板上通孔插装元件引脚焊盘处的过孔进行手动钻孔。加工好的稳压电源电子线路板如图 1 – 135（b）所示。

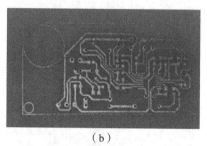

（a）　　　　　　　　　　　　（b）

图 1 – 135　高速微型台钻

（a）台钻；（b）加工好的稳压电源电子线路板

具体操作步骤如下：

1）基板检查

对照设计好的 PCB 文件确定需钻孔的位置、规格。

2）备针

根据钻孔规格选择合适的钻头，并将钻头安装在台钻上。

3）钻头定位

调节工作台面至适宜位置，使钻头与工作台面上的钻头通孔圆心保持在一条垂直线上，避免钻孔过程中钻头钻到工作台面折断钻头。

4）钻孔

接通电源，将电路板放在台钻的工作台上，使待钻孔的孔心在钻头的垂直线上。左手压住电子线路板，右手抓住压杆慢慢往下压；在压杆下压的同时，电动机开始转动，当钻头把电子线路板钻穿时，右手慢慢上抬，钻头缓缓抬起，直至钻头抬出高于电子线路板时，即完成了一次钻孔。用同样的方法，完成其他孔的加工。

根据设计的要求选择合适的钻头，待电动机停下来后，方可更换钻头。钻孔前必须进行钻头定位，以免加工过程中折断钻头。钻孔操作过程中，一定要按住电子线路板，防止钻孔中电子线路板移位造成钻孔损坏或者折断钻头。

任务知识

电子线路板也称印刷电路板。电子线路板是电子设备中重要的部件，既为电子元器件提供支撑，又为电子元器件提供电气连接，在制作过程中将 PCB 上不需要的铜箔去掉，留下用于进行电路连接的铜箔，这些线路称为导线，PCB 表面看到的细小线路就是由铜箔制成的导线；PCB 板表面颜色是绿色的，这是阻焊漆的颜色，由阻焊漆制成的阻焊层是绝缘防护层，既可以保护铜线防止腐蚀，也可以防止元器件被焊到不正确的地方；在阻焊层表面上还有一层白色的丝印层，标出了各元器件在 PCB 上的位置和元器件在电路中的标号，为元器件插装、检查、维修提供识别字符和图形。

1.3.1　电子线路板的种类

随着电子产品行业的不断发展，电子线路板在材料、板层上也在不断发展以适应不同电子产品的特殊需求，电子线路板的种类也越来越多。通常，电子线路板可以按以下几种方式进行分类：

1. 按电子线路板软硬程度分类

按电子线路板的软硬程度可分为硬性电子线路板（刚性电子线路板）和软性电子线路板（挠性电子线路板）。硬性电子线路板采用覆铜板作为基板材料，具有一定的强度，不可以弯曲。软性电子线路板采用可挠曲的绝缘薄膜作为绝缘基材，上面覆盖有胶粘剂、金属导体层（铜箔）和覆盖层，如图 1 – 136 所示。软性电子线路板可以折叠、弯曲、卷绕，采用软性电子线路板可以进行立体布线，提高产品装配的密度，常用于连接移动的元器件，如笔记本电脑、照相机、摄像机中使用的软性电子线路板。

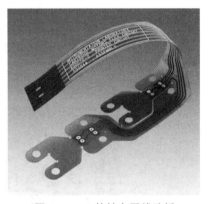

图 1 – 136　软性电子线路板

2. 按电子线路板结构分类

按电子线路板结构不同可分为单层电子线路板、双层电子线路板和多层电子线路板。

（1）单层电子线路板如图 1 – 137 所示，其结构如图 1 – 138 所示。

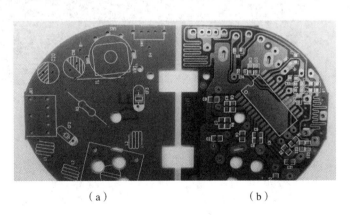

（a）　　　　　　　　　　　（b）

图 1 – 137　单层电子线路板

（a）元件面；（b）焊接面

（2）双层电子线路板的结构如图 1 – 139 所示。

（3）多层电子线路板如图 1 – 140 所示，其结构如图 1 – 141 所示。

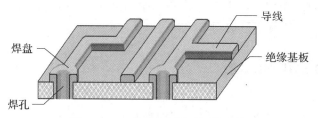

图1－138　单层电子线路板的结构

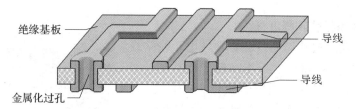

图1－139　双层电子线路板的结构

图1－140　多层电子线路板

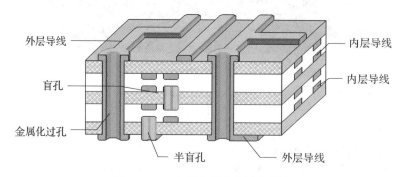

图1－141　多层电子线路板的结构

1.3.2　电路板的选用

电子线路板在电子产品中主要担负着导电、绝缘和支撑三个方面的功能，因此电子产品的质量和性能在一定程度上取决于电子线路板的种类、材料和性能。

1. 电子线路板的结构与材料

制造刚性电子线路板的主要材料是覆铜板（Copper Clad Laminate，CCL），是在绝缘基板上粘接一定厚度的铜箔。其结构如图 1 - 142 所示。

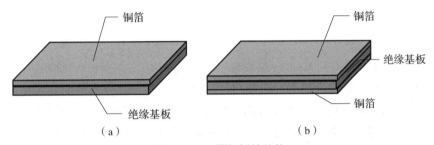

图 1 - 142　覆铜板的结构

（a）单层覆铜板；（b）双层覆铜板

根据覆铜板的绝缘基板材料不同，覆铜板可分为纸基覆铜板、玻璃纤维布基覆铜板、复合材料基覆铜板和特殊材料基覆铜板等。

1）纸基覆铜板

采用纤维纸作增强材料，浸上树脂溶液经干燥后覆以涂胶的电解铜箔，然后经高温高压压制成型。根据所浸树脂溶液的不同，常见的纸基覆铜板有酚醛树脂覆铜板和环氧树脂覆铜板，其中生产量和使用量最大的是 FR - 1 板和 XPC 板。纸基覆铜板的铜箔标称厚度一般为 35 μm，板厚度规格有 0.8 mm、1.0 mm、1.2 mm、1.6 mm 和 2.0 mm 等几种。纸基覆铜板加工工序少、价格低廉、容易加工，但是机械强度低、易吸水、耐高温性能差，主要用于低频电路家电和低档仪器等一般民用电子产品中。

2）玻璃纤维布基覆铜板

采用玻璃纤维布作增强材料，浸以环氧树脂并覆以电解铜箔，经热压制成。在玻璃纤维布基覆铜板中，FR - 4 板应用最广，按其厚度规格的不同可分为 FR - 4 刚性板和 FR - 4 多层板芯用的薄型板。刚性 FR - 4 板厚为 0.6 ~ 3.2 mm，铜箔厚度为 18 μm、35 μm、70 μm；多层 FR - 4 板厚为 0.25 ~ 0.91 mm。玻璃纤维布基覆铜板机械强度高、耐热性好、防潮性好，具有较好的冲剪、钻孔等机械加工性能，广泛用于移动通信、卫星、雷达、军用设备等高档电子产品中。

3）复合材料基覆铜板

复合材料基覆铜板的基板由不同增强材料的面料和芯料构成，浸以环氧树脂，经高温热压制成，其结构如图 1 - 143 所示，其机械特性和制造成本介于纸基覆铜板和玻璃纤维布基覆铜板之间。其中 CEM - 1 板面料采用玻璃纤维布，芯料采用木浆纸，在耐浸焊性、防潮性、机械强度等方面稍差，而且由于是纸基覆铜板，因此主要用于电源电路、超声波设备、测量仪器等产品的电子线路板上；CEM - 3 面料采用玻璃纤维布，芯料采用玻璃毡或玻纤纸（玻璃纤维无纺布），机械强度介于 FR – 4 和 CEM – 1 之间，有较好的机械加工性能，耐热性和防潮性好，大量应用于高档家电、通信设备、工业用电子设备中。

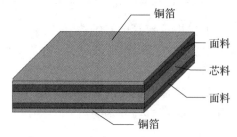

图 1 – 143　复合材料基覆铜板的结构

4）特殊材料基覆铜板

其主要有金属基覆铜板、陶瓷基覆铜板、高耐热性板、低介电常数板等。金属基覆铜板一般是由金属基板、绝缘介质和导电层（一般为铜箔）三部分组成的，即将表面经过化学或电化学处理的金属基板的一面或两面覆以绝缘介质层和铜箔，经热压复合而成。金属基覆铜板具有优异的散热性和尺寸稳定性、良好的机械加工特性、绝缘特性和电磁屏蔽性，主要应用于大功率器件、电源模块等大功率、高负载的电子产品中。陶瓷基覆铜板（DBC）是由陶瓷基材、键合黏接层及导电层（铜箔）组成的，按陶瓷基材所用材料可分为 Al_2O_3（氧化铝）板、SiC（碳化硅）板、AlN（氮化铝）板等。陶瓷基覆铜板具有良好的机械强度、高抗剥强度、优异的导热性和高频特性，具有较大的载流能力。

2. 电子线路板的选用

不同类型的电子线路板，其机械性能和电气性能也各不相同，所以应根据产品的电气性能、机械特性和使用环境选用不同的覆铜板。

1）板材选择

一般分立元件电路常用单层板，集成电路较多、较复杂的电路可选用双层板。而在选择覆铜板的板材时一般主要从电路中是否存在大功率发热器件，是否工作在高温、潮湿环境等方面进行考虑。一般由于纸基覆铜板价格低、阻燃强度低、耐高温和耐潮湿性稍差，通常可以应用于工作环境较好的中低档产品中；中高档电子产品可以选择各方面性能优于纸基材料的 FR – 4 板；工作环境较差的产品可以选择复合材料覆铜板。

2）电子线路板厚度选择

在选择电子线路板厚度时，主要根据电子线路板尺寸、电路中有无质量较大的器件及电子线路板在整机中是垂直还是水平安放方式、工作环境是否有振动冲击等因素确定。如果电子线路板尺寸过大、所选元器件较重、垂直安放及有振动时要适当增加电子线路板的厚度。常用覆铜板的标称厚度有 0.5 mm、0.7 mm、0.8 mm、1.0 mm、1.2 mm、1.5 mm、1.6 mm、2.0 mm、2.4 mm、3.2 mm、6.4 mm。电子仪器、通用设备一般选用的厚度为1.5 mm，对于电源板，大功率器件板，有重物的、尺寸较大的电子线路板可选用厚度为2~3 mm的板材。

电子线路板铜箔厚度的标称系列为 18 μm、25 μm、35 μm、70 μm、105 μm，铜箔越薄，越容易蚀刻和钻孔，特别适合于制造线路复杂的高密度印制板。但其载流小，如果电路的电流较大则要选择较厚铜箔的覆铜板。

项 目 练 习

1. 绘制如图 1–144 所示的电路图并设计其单层电子线路板文件。

新建 PCB 项目文件"LX1. PcbPrj",在此项目中绘制如图 1–144 所示的原理图文件"LX1. SchDoc",进行 ERC 检测,生成网络表和元器件材料清单。新建电子线路板文件"LX1. PcbDoc",采用单层电子线路板,板于尺寸长为 4 000 mil,宽为 3 000 mil。布线规则要求:最小铜膜线走线宽度为 10 mil,电源地线的铜膜线宽度为 20 mil,添加 GND 电源,人工布置元件,自动布线(所有导线都布置在顶层上)。

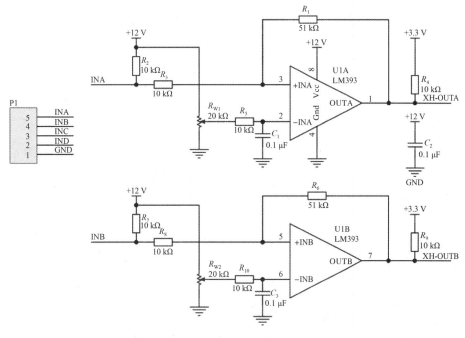

图 1–144 练习 1

2. 绘制如图 1–145 所示电路原理图并设计其单层电子线路板文件。

新建 PCB 项目文件"LX2. PcbPrj",在此项目中绘制如图 1–145 所示的原理图文件"LX2. SchDoc",进行 ERC 检测,生成网络表和元器件材料清单。在原理图基础上设计一个电子线路板文件"LX2. PcbDoc",要求使用单层电子线路板,电子线路板大小自行定义,接地和电源网络走线要加宽,添加电源和接地网络焊盘,进行 DRC 规则检查保证电子线路板设计无误。

3. 绘制如图 1–146 所示的电路原理图并设计其单层电子线路板文件。

新建 PCB 项目文件"LX3. PcbPrj",在此项目中新建如图 1–146 所示的原理图文件"LX3. SchDoc"和单层电子线路板文件"LX3. PcbDoc"。单层电子线路板的长为 3 500 mil,宽为 2 500 mil,最小铜膜线走线宽度为 10 mil,电源地线的铜膜线宽度为 20 mil,添加 GND 电源焊盘,人工布置元件,自动布线(所有导线都布置在底层上),进行 DRC 检测。

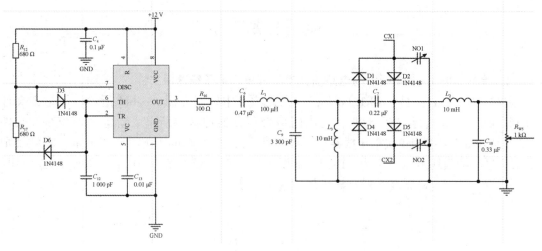

图 1 −145　练习 2

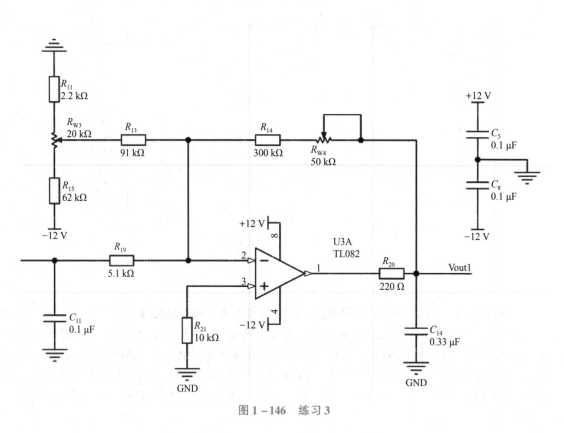

图 1 −146　练习 3

项目 2

功率放大电路板设计与制作

本项目以功率放大器产品为载体，详细介绍使用 AD 软件绘制带有自制元件的原理图的操作方法、设计带自制元件封装的印制电路板的操作方法、使用热转印法制作带有丝印层的单层电路板的手工制作方法。具体内容包括绘制原理图自制元件、设置原理图自制元件属性、绘制元件封装、设置元件封装属性、生成项目元件库、制作带有丝印层的单层电路板等知识和技巧。主要掌握根据实际要求设计并制作带自制元件与封装的单层电路板的方法与制作流程。

项目目标

能正确新建原理图元件库文件和 PCB 元件封装库文件；能正确绘制和应用原理图自制元件和自制封装；能正确根据项目编译的信息提示来修改当前原理图文件和印制电路板文件；能应用印制电路板布局的常用原则，对元件封装进行正确合理的布局；能根据要求正确设置布线规则；能正确地将自动布线和手工布线操作方法结合在一起对印制电路板进行布线；能正确生成和打印原理图和印制电路板的常用报表文件；能正确应用热转印工艺制作带有丝印层的单层电路板。

项目描述

功率放大电路通常被用作音频信号放大电路中的最后一级电路，在有源单箱、扩音机等电子设备中应用广泛。本项目的功率放大器原理图分为左、右声道放大器和电源电路三部分，具体由输入电路、前置放大电路、音调控制电路、功率放大电路、静噪和扬声器保护电路及电源电路等组成。本产品具有输入功能大、互调失真低、谐波失真及噪声低等特点，内部包括过压和过热保护、电流限制、温度限制等电路，因此制作调试容易、工作稳定可靠、性能价格比高。

本项目设计具体要求是：使用 AD 软件新建并编辑 PCB 项目文件"功率放大电路.PrjPcb"、原理图文件"原理图.SchDoc"、原理图元件库文件"自制元件库.SchLib"、PCB 文件"单层板.PcbDoc"、自制封装库文件"自制封装库.PcbLib"，单层板的外形尺寸为 8 000 mil ×5 500 mil，制作带丝印层的单层电路板。制作完成的功率放大器电路板如图 2 − 1 所示。

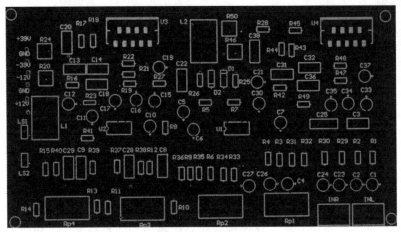

图 2-1　制作完成的功率放大器单层电路板

项目分析

功率放大电路是一种新型高保真音响功放集成电路，输出功率大（±35 V、8 Ω 负载时，连续输出功率 50 W），在一定频率范围内线性度良好。系统工作时，输入信号经 IN1、IN2 这两个输入插口进入，分别经过信号耦合电容、平衡控制电位器，调节左、右声道输入信号的大小基本一致；经前置放大电路，进行初步放大；经音调控制电路，调节低音和高音的提升和衰减状态；经功率放大电路，进行增益调节；经静噪和扬声器保护电路，最后由扬声器输出。

任务 2.1　绘制功率放大电路原理图

新建 PCB 项目文件"功率放大电路.PrjPcb"、原理图文件"原理图.SchDoc"和原理图元件库文件"自制元件库.SchLib"。在这两个文件中设置工作环境、加载元器件库、放置元器件、设置元器件属性、调整元器件布局、连接线路、绘制原理图自制元件、编译原理图文件、生成元器件清单和网络表文件等操作，以实现功率放大电路的电路功能和原理图的绘制。

任务 2.2　设计功率放大电路板

在当前项目文件中新建 PCB 文件"单层板.PcbDoc"和自制封装库文件"自制封装库.PcbLib"。设置单层板外形、工作板层、用原理图更新 PCB 文件、设置布线规则、绘制元件封装、元件布局与布线、设计规则检查、生成报表文件等操作。

任务 2.3　制作功率放大器电路板

按照热转印工艺的操作流程，根据任务 2.2 的印制电路板工作层文件，制作符合项目要求的带有丝印层的单层电路板。

项目实施

任务 2.1 绘制功率放大电路原理图

任务描述

本任务要求新建 PCB 项目文件"功率放大电路 . PrjPcb"、原理图文件"原理图 . SchDoc"和原理图元件库文件"自制元件库 . SchLib",根据图 2 - 2 所示的电路图、图 2 - 3 所示的自制元件来绘制原理图文件。具体的设计要求是：使用自定义图纸,尺寸为 13 000 mil × 6 000 mil;图纸方向设为横向放置;图纸底色设为默认;标题栏设为标准形式;栅格形式设为线状且颜色设为默认;原理图中的 LM3886TF、NE5532AJG 这两个元件使用原理图自制元件,其余元件使用系统元件;进行原理图编译并修改,保证原理图正确;生成原理图元器件清单和网络表文件。

任务目标

使用 AD 软件绘制带有自制元件的功率放大电路的电路原理图,为下一个任务做好准备。通过完成本任务,学生掌握根据要求绘制带有自制元件的电路原理图的操作方法,并进一步熟练根据原理图编译的提示信息来修改原理图中错误的操作方法。

任务实施

（1）启动 AD 软件。

（2）新建并保存 PCB 项目文件"功率放大电路 . PrjPcb"。

（3）在当前项目中新建原理图文件"原理图 . SchDoc"。

（4）设置原理图工作环境。

在原理图窗口右侧的"Properties"属性面板中设置"Page Options"选项,按图 2 - 4 所示内容设置自定义图纸、横向图纸方向、标题栏为标准模式。

（5）设置系统工作环境。

单击"工具"菜单,选择"原理图优先项"命令,弹出"优选项"对话框,单击左侧"Schematic"选项中的"Grids",将其栅格设置为"Line Grids"。

（6）加载两个常用的系统元件库。

（7）在当前项目中新建原理图元件库文件"自制元件库 . SchLib"。

在当前项目中新建原理图元件库文件"自制元件库 . SchLib"。单击"文件"菜单,选择"新的"→"库"→"原理图库"命令。单击常用工具栏中的图标 🖫,在弹出的"保存文件"对话框中输入"自制元件库",单击"OK"按钮。

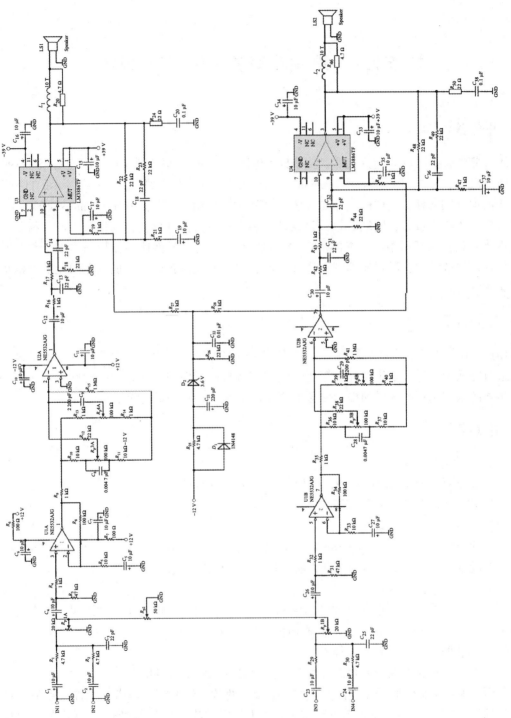

图 2 - 2 功率放大电路原理图

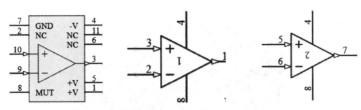

图 2-3　自制元件 LM3886TF、NE5532AJG

图 2-4　"Page Options" 属性面板

①绘制原理图的自制元件"LM3886TF"。

单击窗口左侧的"SCH Library"面板，自动新建了自制元件"Component-1"。单击面板右下角的"编辑"选项，单击弹出面板"General"选项组的"Properties"选项，在"Design Item ID"选项右侧文本框中输入当前元件名称"LM3886TF"，具体绘制过程如下：

a. 绘制元件外形。在原理图元件库文件工作区中，单击"放置"菜单并选择"矩形"命令；单击当前工作区的中心点，再向右下方拉动光标，最后单击坐标点（X：600 mil，Y：-900 mil），确定元件的外形大小，如图 2-5 所示。利用绘图工具栏中的放置线图标 ▉，继续绘制矩形内部形状，操作方式相同。

b. 添加元件引脚。单击"放置"菜单并选择"管脚"命令，引脚与十字光标交叉处有一个叉点，是当前引脚的电气结点；按 Space 键，将引脚旋转到如图 2-6 所示角度，即旋转后将引脚的电气结点向外，并在适当位置单击放置；双击此引脚，在弹出的如图 2-7 所示"Pin"属性面板中设置其内容，单击完成第一个引脚的放置；用同样的方法放置剩余引脚。

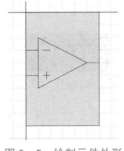

图 2-5　绘制元件外形

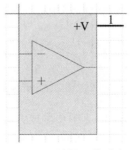

图 2-6　放置元件引脚

图 2 - 7 "Pin" 属性面板

②绘制原理图的自制元件"NE5532AJG"。

新建多片集成的自制元件"NE5532AJG"，具体绘制过程如下：

a. 绘制元件外形。在原理图元件库文件工作区中，单击"放置"菜单并选择"线"命令，绘制如图 2 - 8 所示元件外形。

b. 添加元件引脚。单击"放置"菜单并选择"管脚"命令，引脚与十字光标交叉处有一个叉点，是当前引脚的电气结点，旋转使引脚的电气结点向外，并在适当位置单击放置；双击此引脚，在弹出的"Pin"属性面板中设置其内容，单击完成第一个引脚的放置；用同样的方法放置剩余引脚。

c. 新增元件部件。单击"工具"菜单并选择"新部件"命令，则左侧"SCH Library"面板中当前自制元件如图 2 - 9 所示，即包括两个子件，Part A 和 Part B。按照图 2 - 3 所示，用与 Part A 相同的操作方法绘制 Part B 的外形与引脚。

图 2 - 8 "NE5532AJG"元件外形

图 2 - 9 "NE5532AJG"多片集成元件

（8）参照图 2 - 2 中功率放大电路原理图文件中的元件信息，放置其余系统元件并设置其属性。

（9）在原理图中放置自制元件"LM3886TF""NE5532AJG"。

在当前原理图文件中，单击右侧"Components"属性面板中元件库列表，从中选择"自制元件库"，在其列表中找到自制元件"LM3886TF"和"NE5532AJG"，并将其放置在原理图中。根据图 2 - 3 中的元件参数设置这两个自制元件的属性。

（10）连接线路。

在原理图空白处右击，在弹出的快捷菜单中选择"放置"→"线"命令。连接原理图中各对象引脚之间的导线，直到完成原理图中所有对象的连接。

（11）保存文件

单击原理图标准工具栏中的图标 ，弹出"保存文件"对话框，在文件名选项右侧的文本框中输入"原理图"，其扩展名是".SchDoc"。光标指向当前项目文件，单击"保存"按钮，保存当前项目文件。

（12）编译项目。

单击"工程"菜单，选择"Compile PCB Project 功率放大电路 . PrjPcb"命令，编译当前项目中的原理图文件和原理图元件库文件。此时没有弹出任何对话框，说明当前原理图中没有错误。如果弹出"信息"对话框，要进行修改，直至无误。再重新保存文件，重新编译当前原理图文件和原理图元件库文件。

（13）生成原理图元件库、原理图元件清单。

单击"设计"菜单，选择"工程的网络表"→"Protel"命令，生成当前原理图的网络表文件。对于元件较多的原理图的网络表文件，应该从头到尾检查一下网络表文件中的网络连接部分的内容，因为有些电路连线问题是在编译时无法检查出来的。单击"设计"菜单并选择"生成原理图库"命令，生成原理图元件库。单击"报告"菜单并选择"Bill of Materials"命令，生成原理图元件清单。

任务知识

集成元件库是将元件的原理图符号、PCB 封装、仿真模型、信号完整性模型等信息集中放在一起的元件库的存在形式，其文件扩展名是". IntLib"。当无法从系统集成元件库中找到所用元件时，就可以自行建立新的原理图元件库文件。原理图元件库文件是在绘制原理图时专门设计的原理图自制元件库，其文件扩展名为". SchLib"。

2.1.1　新建原理图元件库文件

在 PCB 项目文件中，单击"文件"菜单，选择"新的"→"库"→"原理图库"命令。单击常用工具栏中的图标 ，在弹出的"保存文件"对话框中输入元件库名称，单击"OK"按钮，即新建了一个原理图元件库文件。此时，系统自动打开原理图元件库编辑窗口，如图 2 - 10 所示，主要由元件库编辑管理器、主工具栏、菜单栏、快捷工具栏、工作区组成。在工作区中有一个"十"字形坐标轴，将当前工作区分为四个区域。

1. 原理图元件库面板

新建一个原理图元件库文件后，原理图元件库面板会自动弹出在当前窗口左侧的操作面板中，如图 2 - 11 所示。若无，可以单击当前窗口右下角的"PANEL"图标并从中选择"SCH Library"即可，其中"Design Item ID"选项组对当前原理图元件库中的元件进行放置、添加、删除和编辑等操作。

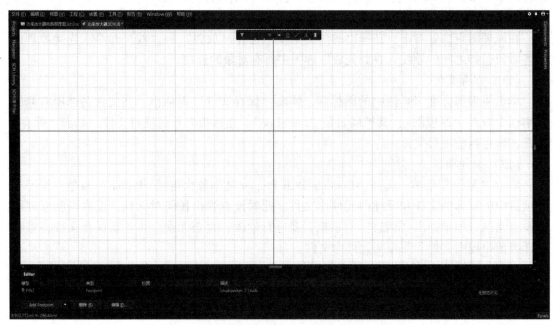

图 2 − 10　原理图元件库编辑窗口

图 2 − 11　"原理图元件库"面板

2. "工具"菜单

1) "Symbol Wizard"命令

其用于创建多引脚集成块,单击此命令,弹出如图 2 - 12 所示"Symbol Wizard"对话框,在此观察器件外形、引脚功能并可以进行集体修改。

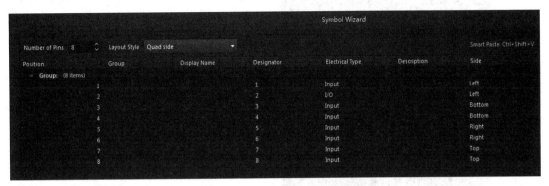

图 2 - 12　"Symbol Wizard"对话框

2) "模式"命令

选择"模式"命令,弹出如图 2 - 13 所示"模式"子菜单,在此为指定元件添加一个新的视图模式。在原理图元件库中选中一个自制元件,单击"工具"菜单,选择"模式"→"添加"命令,系统会自动更换到一个新的自制元件窗口,在此绘制当前元件的新的视图模式;单击"移除"命令可以删除新建的一个视图模型,单击"前一个"或"下一步"可以在当前元件的视图模式中前后切换。单击菜单"视图",选择"工具栏"→"模式"命令来调出。"模式"工具栏如图 2 - 14 所示。

图 2 - 13　"模式"子菜单

图 2 - 14　"模式"工具栏

3) "文档选项"命令

选择"文档选项"命令,弹出如图 2 - 15 所示"Library Options"属性面板,其中主要选项的功能如下。

(1) "Selection Filter"选项组:高效过滤掉具有相同性质的信息。

(2) "General"选项组:设置元件库常用的基本信息。"Units",设置当前图纸标注单位,mm:公制,mils:英制;"Visible Grid",设置可见栅格尺寸;"Snap Grid",设置捕获栅格尺寸;"Sheet Border",设置图纸边界颜色;"Sheet Color",设置当前图纸颜色;"Show Hidden Pins",显示隐藏引脚;"Show Comment/Designator",显示注释/元件号。

4. 原理图元件库绘图工具栏和 IEEE 符号工具栏

1) 原理图元件库绘图工具栏

打开原理图库文件系统自动弹出绘图工具栏,如图 2 - 16 所示。

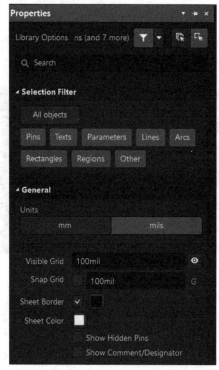

图 2 – 15 "Library Options" 属性面板

图 2 – 16 绘图工具栏

（1）■，选择过滤器，如图 2 – 17 所示，高效过滤掉具有相同性质的信息。

（2）■，移动对象，右击出现其下级命令，如图 2 – 18 所示，其功能和原理图主菜单移动功能相似。

图 2 – 17 选择过滤器

图 2 – 18 移动对象工具

（3）■，以 Lasso 方式选择，可以按着任意形状、任意角度选择需要编辑的内容，如图 2 – 19 所示。

（4）■，排列对象，设定方式排列需要编辑的内容，如图 2 – 20 所示，和原理图主菜单排列功能相似。

（5）■，放置管脚，绘制元件的引脚，其引脚是具有电气功能的。

（6）■，放置 IEEE 符号。

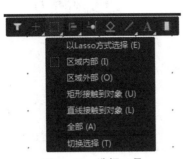

图 2 - 19　选择工具

图 2 - 20　排列工具

（7）■，放置线，绘制任意形状的线，绘制元件的外形，其性质没有任何电气功能，如图 2 - 21 所示。

（8）■，放置字符串，其功能是编辑字符或文本内容，如图 2 - 22 所示。

（9）■，添加器件部件，其功能是添加元件子部件。

图 2 - 21　放置线图标下级命令

图 2 - 22　放置字符串图标下级命令

2）IEEE 符号工具栏

单击元件库编辑器中的"放置"菜单，选择"IEEE 符号"命令，可以显示 IEEE 符号工具栏。IEEE 符号通常用来表示元件的某个引脚的输入或者输出的属性。IEEE 的标准制定内容通常与电子电气设备、实验方法、元件、符号、定义以及测试方法等相关。

5. 应用工具栏

单击"视图"菜单，选择"工具栏"→"应用工具"命令，弹出如图 2 - 23 所示"应用工具"工具栏。此工具栏提供了绘制原理图自制元件时使用的应用工具，包括 IEEE 符号图标■、绘图工具图标■、设置栅格图标■和元件模型管理图标■，主要功能如下：

1）IEEE 符号图标

单击 IEEE 符号图标■，弹出如图 2 - 23 所示工具栏，包括与门、非门、或门等相关的电气符号。也可选择"放置"菜单→"IEEE 符号"命令来放置 IEEE 符号。

2）绘图工具图标

绘图工具如图 2 - 24 所示，除了与原理图的绘图工具栏相似的图形绘制、字符修饰、阵列粘贴等功能之外，还有放置引脚图标■、创建元件图标■和添加器件部件图标■。此工具栏中图标的使用方法与原理图中绘图工具栏的操作方法基本一致。

97

图 2-23 "应用工具"工具栏

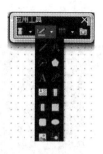

图 2-24 绘图工具

3）设置栅格图标

单击设置栅格图标▉，弹出下级命令，在此设置原理图元件库栅格格式。

4）元件模型管理图标

单击图标▉，添加自制元件相应模型。

2.1.2 绘制原理图自制元件

1. 绘制单片元件

在"SCH Library"面板中，单击"编辑"按钮，弹出如图 2-25 所示"Component"属性面板，在"Properties"选项组的"Design Item ID"中输入新的元件名称。

单击"放置"菜单并选择"管脚"命令或单击快捷工具栏中图标▉，都可以放置元件引脚；在放置引脚过程中按 Tab 键，或者双击已放置的引脚，都可以弹出如图 2-26 所示"Pin"属性面板，其中"General"选项区功能如下。

图 2-25 "Component"属性面板

图 2-26 "Pin"属性面板

1）"Location"选项组

（X/Y）选项，设置当前引脚 X、Y 的位置；"Rotation"，设置引脚翻转角度，包括 0°、90°、180°、270°。

2）"Properties"选项组

"Designator"选项，设置元件引脚标识；"Name"选项，设置元件引脚名称；"Electrical Type"选项，选择引脚的电气类型；"Description"选项，设置引脚描述；"Pin Package Length"选项，设置引脚封装长度；"Part Number"选项，选择复合封装的元件中包括的子件号；"Pin Leigh"选项，设置引脚长度；"Hide"选项，可以隐藏当前引脚。

3）"Symbols"选项组

设置引脚的电气特性，包括"Inside""Inside Edge""Outside Edge""Outside""Line Width"五个选项，单击其右侧的下拉按钮，从中选择相应符号即可。

4）"Font Settings"选项组

（1）"Designator"选项，设置自定义元件引脚标识。"Margin"，设置元件引脚标识距离；"Orientation"，设置元件引脚标识的方向；"To"，设置元件引脚标识的去向，可以通过下拉选择引脚或元件。

（2）"Name"选项，设置自定义元件引脚名称。"Margin"，设置元件引脚名称距离；"Orientation"，设置元件引脚名称的方向；"To"，设置元件引脚名称的去向，可以通过下拉选择引脚或元件。

2. 绘制多片元件

单击"SCH Library"工作面板中元件选项组中的"添加"按钮，添加一个新元件，并在此元件对应的右侧工作区中绘制其外形和引脚；单击"工具"菜单并选择"新部件"命令，此时当前元件名称的左侧出现折叠展开按钮，单击此按钮，此时在当前自制元件下方出现两个子件 Part A、Part B；单击 Part B，进入其工作区绘制第二个子件，如图2-27所示。还可用快捷工具栏中的"添加器件部件"图标 ，根据实际要求来新建多个子件。如果想删除多余子件，只需要在右侧工作区中选中需要删除的子件，单击"删除"按钮即可删除子件。

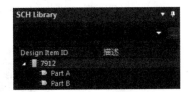

图2-27　新建一个多片元件

3. 设置自制元件属性

单击"SCH Library"工作面板中"编辑"按钮，弹出"Component"属性面板，如图2-28所示。

1）"General"选项区

（1）"Properties"选项组。"Design Item ID"选项，设置元件名称；"Designator"选项，设置元件引脚编号；"Comment"选项，设置元件注释内容；"Part of Parts"选项，设置元件的子部件的子件；"Description"选项，设置元件的描述内容；"Type"选项，设置元件的类型，包括"Standard""Mechanical""Graphical""Net Tie（In BOM）""Net Tie（No BOM）""Standard（No BOM）""Jumper"。

（2）"Links"选项组，设置库元件在系统中的标识符。单击"Add"按钮，弹出如图2-29所示"Links"属性面板，在"Name"中输入元件名称，在"Url"中输入元件库地址。单击图标 可进行编辑修改，单击图标 可删除信息。

图 2-28 "Component" 属性面板

图 2-29 "Links" 属性面板

（3）"Footprint" 选项组，设置创建元件封装。单击 "Add" 按钮，弹出如图 2-30 所示 "PCB 模型" 对话框。

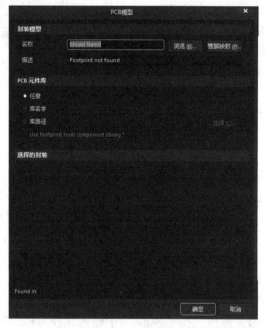

图 2-30 "PCB 模型" 对话框

① "封装模型" 选项组，设置创建元件封装值名称。单击 "浏览" 按钮，在已存在的封装库中选取适合的封装值。单击 "管脚映射" 按钮，显示元件的原理图和封装的每一个

引脚一一对应的关系。

②"PCB 元件库"选项组。任意：指定存放位置为任意；库名字：选指定存放位置为 PCB 元件库名；库路径：指定存放位置从相应目标中选择。

③选择的封装：显示当前元件封装值的 2D 效果。

（4）"Models"选项组。单击"Add"按钮弹出如图 2 - 31 所示属性面板，可以为该库元件添加其他的模型，如"Pin Info""Simulation""Ibis Model""Signal Integrity"。

（5）"Graphical"（图形化）选项组。设置创建元件库的编辑环境，单击"Local Colors"，弹出如图 2 - 32 所示属性面板，图标  设置图纸颜色，图标 设置线的颜色，图标 设置引脚颜色。

图 2 - 31　"Models"属性面板

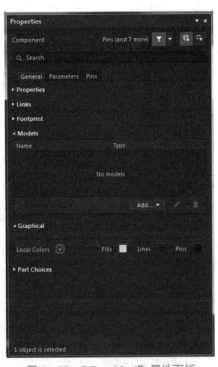

图 2 - 32　"Graphical"属性面板

（6）"Part Choices"选项组。单击"Edit Supplier Links..."按钮，在弹出的对话框中单击右下角的 按钮，弹出"Add Supplier Links"对话框，在此编辑与零部件关联的零件选择列表。

2）"Parameters"选项区

可以为库元件添加其他参数，如版本、作者等信息。

3）"Pins"选项区

在当前窗口显示、编辑当前元件的引脚编号和功能。

4. 放置自制元件

原理图元件库文件中可以新建多个自制元件，在项目工作区面板中的"Schematic Library Document"子目录下会显示原理图自制元件库文件名称。

单击"SCH Library"，在弹出的面板右下角单击"放置"按钮，调用自制元件到原理图中。或在电路原理图编辑工作区中单击"Components",在元件库选项框中选择当前项目中的原理图元件库文件,从出现的下拉列表中分别选取需要调用的自制元件。

任务 2.2　设计功率放大电路板

任务描述

在当前项目中,新建 PCB 文件"单层板.PcbDoc"和自制封装库文件"自制封装库.PcbLib",并根据图 2-33 中内容设计。具体要求是:使用英制单位,单层电路板,外形尺寸是 8 000 mil×5 500 mil;根据图 2-34 中自制封装信息在电路板封装库文件中绘制自制封装;自动布局和手动布局;设计自动布线规则(电源和地线宽度是 25 mil,其余线宽默认,优先布置接地和电源网络走线);自动布线并手动调整布线;进行补泪滴和信号层的覆铜操作,将覆铜与接地网络相连;设计规则检查无误;生成电路板封装库文件和光绘文件。

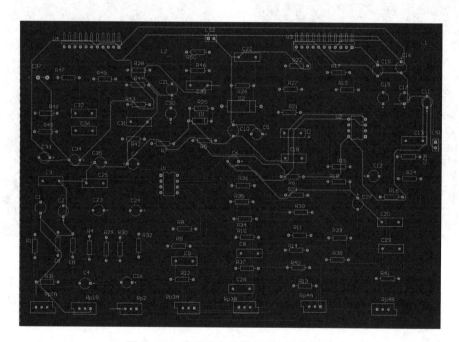

图 2-33　功率放大电路单层电子线路板

图 2-34　C_{37} 元件的自制封装 CC

任务目标

设计功率放大电路的单层电路板文件和 PCB 元件封装库文件，并生成元件报表、自制元件报表、自制封装报表和光绘文件。通过完成本任务，学生掌握根据要求在绘制完成的电路原理图基础上设计带有自制封装的单层印制电路板的操作方法，实现本项目中有关印制电路板设计部分的能力目标。

任务实施

1. 新建 PCB 文件

在"功率放大电路 . PrjPcb"项目文件中新建并保存 PCB 文件"单层板 . PcbDoc"。

2. 设置电路板文件工作环境参数

单击"工具"菜单并选择"优先选项"命令，在"优选项"对话框中设置当前电路板文件的环境参数。

3. 设计电路板文件工作层

单击"设计"菜单并选择"层叠管理器"命令，在弹出的"单层板 . PcbDoc［Stackup］"层叠文件中设置当前电路板层数。设置为单层板，包括十个板层，分别是"Top Overlay""Top Solder""Top Layer""Bottom Layer""Bottom Solder""Bottom Overlay""Top Paste""Bottom Paste""Keep – Out Layer""Multi – Layer"。

4. 规划印制电路板的基本外形

单击"编辑"菜单，选择"原点"→"设置"命令，确定当前印制电路板左下角任意一点为当前印制电路板文件的原点。单击"设计"菜单，选择"板子形状"→"定义板切割"命令，光标变为十字形，在当前电路板文件工作区绘制尺寸为 8 000 mil ×5 500 mil 的矩形区域，保存当前单层电路板文件。

5. 绘制电路板电气边界

单击"Keep – Out Layer"（禁止布线层）工作层标签，单击"放置"菜单，选择"Keep out"（禁止布线）→"线径"命令，此时光标变为十字形，在当前电路板工作区绘制矩形的电气边界。电气边界的四个顶点的坐标值分别是（0 mil，0 mil）、（0 mil，8 000 mil）、（8 000 mil，5 500 mil）、（0 mil，5 500 mil）。

6. 新建自制封装库文件"自制封装库 . PcbLib"

在"Projects"面板中的当前项目文件上右击，从弹出的快捷菜单中选择"添加新的...到工程"→"PCB Library"命令。在当前项目文件中新建一个电路板封装库文件"PcbLib1. PcbLib"。右击这个新建的文件并从弹出的快捷菜单中选择"保存"，在弹出的保存文件对话框中输入"自制封装库"，单击"OK"按钮。

（1）新建元件封装。双击"自制封装库 . PcbLib"名称，在"元件封装库"面板中双击自动新建的元件封装名称，在弹出的"PCB 库封装"对话框"名称"中输入"CC"，单击"OK"按钮。

（2）设置元件封装参考点。单击"编辑"菜单，选择"设置参考点"→"位置"命令，光标变为十字形，在工作区中任意点处单击，此点被设置为当前元件封装的参考点。

（3）放置 1 号焊盘。单击"Multilayer"工作层标签，单击"放置"菜单并选择"焊盘"命令，在元件封装参考点处单击，即在此放置了一个焊盘。双击这个焊盘，在如图2-35所示的"Pad"属性面板中设置当前焊盘的属性。用上步的操作方法放置2号焊盘。

（4）绘制元件封装外形。单击"Top Overlay"工作层标签，单击"PCB Lib"工具栏中的图标 /，箭头光标下方出现十字形。在适当处单击，确定元件封装外形左下角顶点；向右拖动光标，同时出现一条黄色的预拉线，再单击确定右下角顶点，右击，结束当前线形的绘制。用同样的方法按图2-34所示绘制元件封装外形。

（5）保存元件封装。单击常用工具栏中图标 ，保存当前制作的元件封装库文件。

图2-35　1号焊盘"Pad"属性面板

7. 编辑单层电路板文件

（1）导入工程变化订单。

在"单层板.PcbDoc"PCB文件中，选择菜单"设计"→"Import Changes Form 功率放大电路.PrjPcb"，弹出"工程变更指令"对话框。单击对话框中的 验证变更 按钮使工程变化订单生效，如图2-36所示。

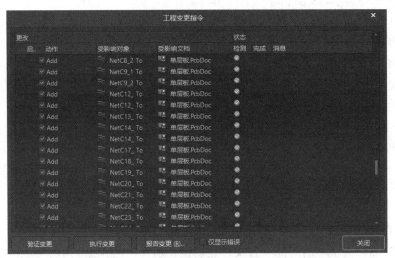

图2-36　"工程变更指令"对话框

（2）单击"工程变更指令"对话框中的 执行变更 按钮，执行工程变更订单。

如图2-37所示，当前对话框中"完成"选项一列图标如果都是 ，说明当前订单执行结果无误。

（3）回到"工程变化订单"对话框，单击"关闭"按钮。

从当前原理图文件导入的元件、网络和相关信息出现在当前电路板右侧，如图2-38所示。

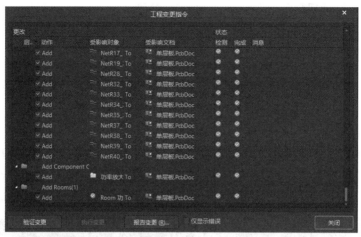

图 2 - 37　执行变化后的"工程变更指令"对话框

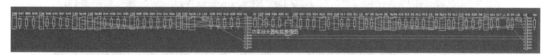

图 2 - 38　导入工程变更指令后的印制电路板文件

8. 布局元件封装

删除 Room 房间，根据元件封装位置和飞线的指标，调整各个元件封装的方向，尽量使飞线连线简单；再调整与元件封装对应的元件组件的位置和方向，如图 2 - 39 所示。

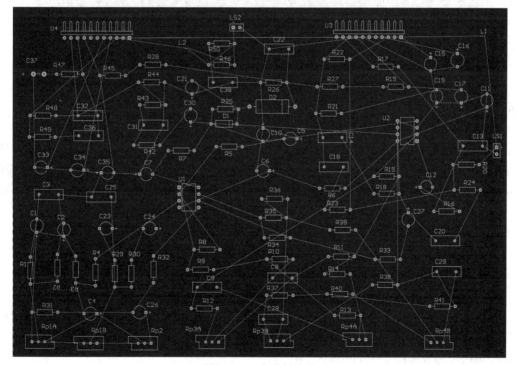

图 2 - 39　电路板布局

9. 设置 PCB 设计规则

单击"设计"菜单并选择"规则"命令，在弹出的"设置电路板规则"对话框中设计以下布线规则。

1）设置安全距离

单击"Electrical"标签中的"Clearance"选项，将"约束"选项区中的"最小间距"选项值设为 10 mil。

2）设置布线宽度

单击"Routing"标签中的"Width"选项，双击此规则名称，选择"ALL"，设置全部网络的线宽的"最大宽度"值为 50 mil、"首选宽度"值为"10 mil"，设置新规则添加"GND"网络，线宽的最大宽度值为 50 mil，首选优选值都为"25 mil"，如图 2－40 所示。

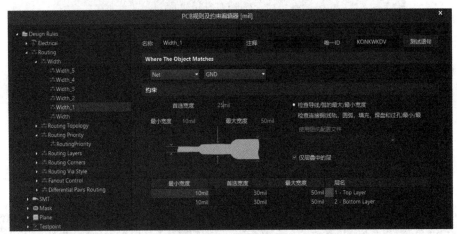

图 2－40　设置布线宽度

3）设置布线优先权

单击"Routing"标签中的"Routing Priority"选项，选择"Net"，设置 GND 网络的"布线优先级"值为 1。

10. 自动布线

单击"布线"菜单并选择"自动布线"命令，在弹出的"Situs 布线策略"对话框中单击 编辑层走线方向… 按钮，将当前电路板布线层的顶层设置为"Horizontal"，即单层布线。单击"Situs 布线策略"对话框中的 Route All 按钮，布线完毕后没弹出"Message"对话框，说明当前电路板中没有未布通的网络。

11. 补泪滴设置

单击"Tools"菜单并选择"泪滴"命令，在弹出的"泪滴属性"对话框，单击"OK"按钮，实现对电路板中铜膜导线的补泪滴设置。

12. 电路板铺铜

单击"Top Layer"工作层标签，单击"放置"菜单并选择"铺铜"命令。光标变为大十字形，在电路板四个顶点处分别单击，围成一个封闭的且与电路板边界符合的矩形。铺铜后的顶层电路板如图 2－41 所示。

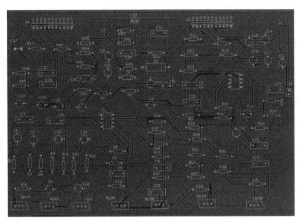

图 2 - 41　铺铜后的顶层电路板

13. 设计规则检查

单击"工具"菜单，选择"设计规则检查"命令，在弹出的"设计规则检查器"对话框中单击"运行 DRC"按钮，弹出"信息提示"对话框和"单层板.DRC"文件，根据信息提示内容来查看是否有违反规则位置。

14. 生成相关文件

（1）生成元件封装库文件。在电路板文件中单击"设计"菜单并选择"生成 PCB 库"命令，此时系统会自动切换到当前项目中的元件封装库文件，如图 2 - 42 所示。

图 2 - 42　元件封装库文件

（2）生成 Gerber 文件。单击"File"菜单，选择"制造输出"→"Gerber Files"命令，弹出"Gerber 设置"对话框，在"General"选项组中选择公制单位的 4 : 4 比例选项，在"Layers"选项中选择电路板文件所包含的工作层，单击"OK"按钮，可以打印输出Gerber 文件。

 **任务知识**

2. 2. 1　PCB 布局

1. PCB 布局原则

元件布局并不是简单地按照电路原理图把元件随便放在电路板上，而是要遵循以下的布局原则。

1）按照信号流的走向布局

按照电路图中电信号的流向，逐个依次安排各个功能电路模块，使布局便于信号流通，并使信号流尽可能保持一致的方向。在多数情况下，信号的流向安排为从左到右或从上到下。

2）优先确定特殊元件的位置

先分析电路原理图，确定特殊元件的位置，再安排其他元件，尽量避免可能产生干扰的因素。

3）抑制热干扰的原则

电路板上的发热元件应当布置在靠近外壳或通风较好的地方，以便利用机壳上开凿的通风孔散热；对于温度敏感的元件，不宜放在热源附近或设备内的上部。

4）防止电磁干扰的原则

印制电路板布线不合理、元件安装位置不恰当等，都可能引起电磁干扰。相互可能产生影响或干扰的元件，应当尽量分开或采取屏蔽措施；缩短高频部分元件之间的连线，减小它们的分布参数和相互之间的电磁干扰；易受干扰的元件不能离得太近；强电部分和弱电部分、输入级和输出级的元件应当尽量分开；直流电源引线较长时，要增加滤波元件防止干扰；由于某些元件或导线之间可能有较高电位差，应该加大它们的距离，以免放电、击穿引起意外短路，金属壳的元件要避免相互触碰。

2. 自动布局

系统提供了在 PCB 中布置元件的方法，一种是自动布局，另一种是手动布局。软件的自动布局功能不能完全满足实际电路板设计要求，几乎所有的电路板布局都需要手动调整，以使其电路板布局符合原理图技术和电路板布局工艺要求。

单击"工具"菜单，选择"器件摆放"命令，弹出的下级命令包括"按照 Room 排列""在矩形区域排列""排列板子外的器件""依据文件放置""重新定位选择的器件"，可以根据实际情况进行选择操作。

3. 手动布局

1）移动元件

单击"编辑"菜单，选择"移动"命令；或单击"快捷"工具栏中图标▣，都可以弹出如图 2-43 所示"移动"菜单命令，主要命令功能有移动、拖动、重新布线、拖动线段头、移动选中对象等。

2）对齐元件

先选中要进行对齐操作的多个对象，单击"编辑"菜单，选择"对齐"命令；或单击"快捷"工具栏中图标▣，都可以弹出如图 2-44 所示"对齐"菜单命令，其操作方法与原理图中"对齐"命令操作方法相同。

3）调整元件文本属性

PCB 上各个对象的标注等文本信息位置不理想也会影响整个板子的布局效果，因此在调整好对象布局后还要调整文本信息的布局。先选择被调整对象，再单击"编辑"菜单，选择"定位器件文本"命令，弹出如图 2-45 所示"元器件文本位置"对话框。对话框中提供了九种不同的文本摆放位置，可以根据实际情况单击合适的文本位置处，单击"确定"按钮，所有被选择对象都会按指定位置放置元件文本。

图 2-44　"对齐"菜单命令

图 2-43　"移动"菜单命令

4）调整视图显示

在进行手动布局时，需要随时切换当前视图的显示位置与比例，以配合对象精准定位。

（1）按住 Shift 键上下滚动鼠标滚轮，会上下移动当前显示位置；右击并按住鼠标，此时光标变为小手形状，此时拖动光标可以任意移动当前显示位置。

（2）放大或缩小视图显示比例，单击"视图"菜单，选择"放大"命令或"缩小"命令，实现整张图纸的缩放；按住 PgUp 键（放大）和 PgDn 键（缩小），同时移动光标，此时会以光标为中心实现整张图纸的缩

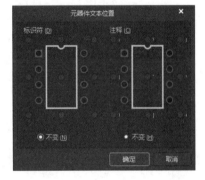

图 2-45　"元器件文本位置"对话框

放；按住 Ctrl 键同时向上滚动鼠标滚轮，实现放大视图；按住 Ctrl 键同时向下滚动鼠标滚轮，实现缩小视图。

（3）单击"视图"菜单，选择"区域"命令；或单击"PCB 标准"工具栏中图标🔍，光标变为十字形。在 PCB 工作区中拖动出一个矩形区域，再次单击，即可实现对此区域的放大。

（4）单击"视图"菜单，选择"点周围"命令，光标变为十字形。在 PCB 工作区中合适位置单击以确定放大区域中心点，拖动光标形成一个以中心点为中心的矩形。再次单击，则矩形区域被放大显示。

（5）单击"视图"菜单，选择"适合文件"命令；或单击"PCB 标准"工具栏中图标![图标]，都可以在当前工作区中以最大比例显示当前 PCB 文件。

（6）单击"视图"菜单，选择"适合板子"命令，都可以在当前工作区中以最大比例显示当前板子。

5）显示与隐藏飞线

在移动对象时，可以在移动对象的同时按 Ctrl + N 键，使飞线暂时消失。当对象移动到目标位置后松开鼠标，网络飞线会自动恢复。

单击"视图"菜单，选择"连接"命令，弹出如图 2 - 46 所示"连接"菜单命令。

（1）显示网络：选中此命令后光标变为十字形，在需要显示飞线的对象引脚上单击，即会出现与此引脚在同一网络的飞线。若在非对象引脚上单击，则会弹出"Net Name"（网络名）对话框，输入需要显示的网络名即可显示对应网络飞线。

（2）显示器件网络：在需要显示飞线的对象引脚上单击，即会出现与此引脚相连的飞线。

（3）显示所有：显示 PCB 中所有飞线。

（4）隐藏网络：在需要隐藏飞线的对象引脚上单击，即会隐藏与此引脚在同一网络的飞线。

（5）隐藏器件网络：在需要隐藏飞线的对象引脚上单击，即会隐藏与此引脚相连的飞线。

（6）全部隐藏：隐藏 PCB 中所有飞线。

4. 放置其余对象

PCB 中还需要根据实际要求放置器件、焊盘、过孔、字符等对象。单击"放置"菜单，弹出如图 2 - 47 所示"放置"菜单命令。

图 2 - 46 "连接"菜单命令　　　　图 2 - 47 "放置"菜单命令

1）放置填充

单击图 2–47 中"填充"命令或单击"布线"工具栏中图标 ▣，光标变为十字形，在适合处单击，确定左上角顶点；再在适当处单击，确定右下角顶点，当前填充操作完成。在放置填充状态下按 Tab 键，或者双击已放置的填充，都可以弹出如图 2–48 所示"Fill"属性面板，在此设置填充的位置、网络、工作层、填充宽度与高度等属性。

2）放置实心区域

单击图 2–47 中"实心区域"命令或单击"布线"工具栏中图标 ▣，设置实心区域的属性。在图 2–49 所示"Region"属性面板中，设置区域的位置、网络、工作层、种类、弧度尺寸、各顶点坐标等属性。

图 2–48　"Fill"属性面板

图 2–49　"Region"属性面板

3）放置圆弧

单击图 2–47 中"圆弧"命令或单击"布线"工具栏中图标 ▣，这两种操作都可以进入放置圆弧的命令状态。在图 2–50 所示"Arc"属性面板中设置圆弧的坐标、网络、线宽、起始角度、半径等属性。

4）放置线

单击图 2–47 中"线条"命令或单击"快捷"工具栏中图标 ▣，设置线的属性。在图 2–51 所示"Track"属性面板中，设置线的坐标、网络、工作层、线宽、起始点坐标等属性。

5）放置字符串

单击图 2–47 中"字符串"命令或单击"布线"工具栏中图标 ▣，设置字符串的属性。在图 2–52 所示"Text"属性面板中设置字符串的位置、文本内容、文本高度、文本格式、文本框格式等属性。

图 2-50 "Arc" 属性面板

图 2-51 "Track" 属性面板

6）放置焊盘

单击图 2-47 中 "焊盘" 命令或单击 "布线" 工具栏中图标 ，设置焊盘属性。在放置焊盘状态下按 Tab 键，或者双击已放置的焊盘，弹出如图 2-53 所示 "Pad" 属性面板。"Pad Template" 设置不同类型的焊盘；"Location" 设置焊盘位置坐标；"Properties" 设置焊盘标识符、工作层、网络、电气类型等内容；"Hole information"，设置焊盘中过孔形状与尺寸，包括 "Round" "Rect" "Slot"；"Size and Shape" 设置焊盘尺寸与形状，包括 "Simple" "Top-Middle-Bottom" "Full Stack"。

图 2-52 "Text" 属性面板

图 2-53 "Pad" 属性面板

7）放置过孔

单击图 2 - 47 中"过孔"命令或单击"布线"工具栏中图标，设置过孔属性。在如图 2 - 54 所示"Via"属性面板中，"Definition"设置过孔的网络、名称、模型等内容；"Location"设置过孔位置坐标；"Hole information"设置过孔尺寸；"Size and Shape"设置过孔直径与形状，包括"Simple""Top - Middle - Bottom""Full Stack"。

8）放置走线

单击图 2 - 47"走线"命令或单击"布线"工具栏中图标，设置走线属性。在图 2 - 55 所示"Track"属性面板中，"Location"设置线位置坐标；"Properties"设置线工作层、网络名、起始点与终止点坐标、宽度等内容。

9）放置尺寸

单击图 2 - 47 中"尺寸"命令或单击"快捷"工具栏中图标，设置尺寸属性。在如图 2 - 56 所示"Linear Dimension"属性面板中，"Style"设置尺寸的宽度、间距宽度、文本间距等内容；"Arrow Style"设置箭头的尺寸、长度；"Properties"设置尺寸工作层、文本位置、箭头位置、文本宽度与旋转角度。

图 2 - 54　"Via"属性面板

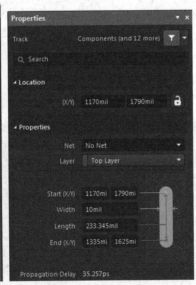

图 2 - 55　"Track"属性面板

图 2 - 56　"Linear Dimension"
属性面板

2.2.2　PCB 布线

1. 设置布线规则

单击"设计"菜单，选择"规则"命令，弹出如图 2 - 57 所示"PCB 规则及约束编辑器"对话框。

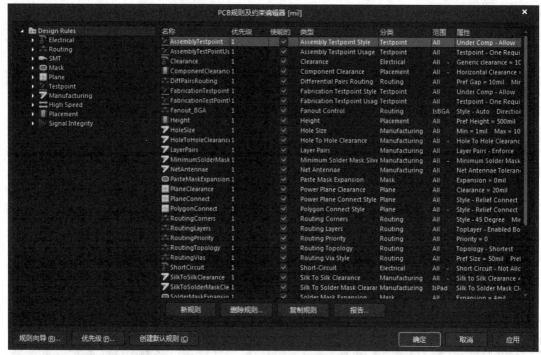

图 2 - 57 "PCB 规则及约束编辑器"对话框

1）"Electrical"标签

设置系统电气规则检查功能，若有违反此处定义的规则，则会自动出现提示信息。单击左侧列表框中的"Electrical"标签，其规则如图 2 - 58 所示，主要规则功能如下。

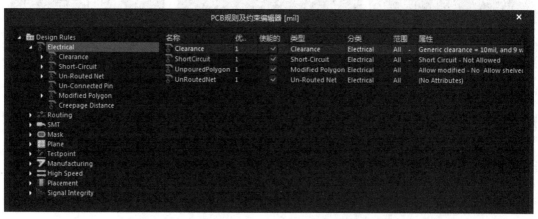

图 2 - 58 "Electrical"规则

（1）"Clearance"规则。双击图 2 - 58 窗口中的"Clearance"规则，下边会出现"Clearance"名称，则在右侧窗口中设置具有电气特性的各对象之间的距离。"Where The First Object Matches"设置优先布线的网络；"Where The Second Object Matches"设置次于优先布线的网络；"约束"设置导线与焊盘的最小间距，系统默认值是 10 mil。

（2）"Short – Circuit"规则：设置是否允许出现短路。先设定应用范围，再设置短路规则。系统默认不允许存在短路，但若勾选"允许短路"复选框，则表示允许存在短路。

（3）"Un – Routed Net"规则：设置是否允许出现未连接的网络。

（4）"Un – Connected Pin"规则：设置是否允许出现未连接的引脚。

（5）"Modified Polygon"规则：设置是否允许修改或隐藏显示多边形区域。

2）"Routing"标签

设置系统自动布线过程中需要遵守的规则，若发现有违反已定义的规则，则会自动弹出提示信息。单击左侧列表框中的"Routing"标签，其规则如图 2 – 59 所示，主要规则功能如下。

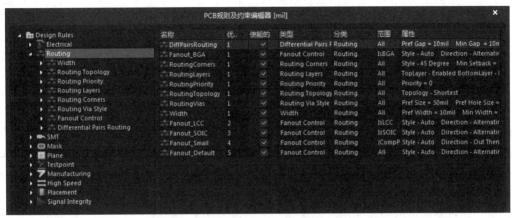

图 2 – 59 "Routing"规则

（1）"Width"规则：双击上图窗口中的"Width"名称，下边会出现"Width"名称，则在右侧窗口中设置线的宽度。"Where The Object Matches"设置线宽度应用范围；"约束"设置线宽度的最大值、最小值、首选值。

（2）"Routing Topology"规则：网络拓扑结构是一种排列或引脚到引脚的连接模式，拓扑结构应用于网络是因为在高速板设计中，为使信号的反射最小而将网络设置成链式拓扑结构。"约束"选项组中包括的拓扑结构内容有"Shortest"，连线最短；"Horizontal"，所有连线进行水平布线；"Vertical"，所有连线进行垂直布线；"Daisy – Simple"，所有的结点一个接一个地连接在一起，连线总长度最短；"Daisy – Mid Driven"，起始点放在链的中间，一种简单的拓扑结构；"Daisy – Balanced"，所有的结点分成几个相等的线段，将这些线段都连接到起始点形成一个平衡结构；"Starburst"，每个结点都直接连到起始结点。

（3）"Routing Priority"规则：设置实际布线的先后顺序，布线的优先级别从 0～100级，0 级是最低级别，100 级是最高级别。

（4）"Routing Layers"规则：设置自动布线过程中所使用的工作层。

（5）"Routing Corners"规则：在此设置所选网络布线时的线拐角模式。"类型"选项中包括"90°Degrees""45°Degrees""Rounded"。

（6）"Routing Via Style"规则：设置自动布线中过孔类型，包括过孔直径和孔径大小。

（7）"Fanout Control"规则：设置表面贴装式元件在布线过程中，从焊盘引出连线通过过孔并连接到其他层的限制。主要包括不同封装形式的过孔的扇出类型、扇出方向、放置模式等。

（8）"Differential Pairs Routing"规则：设置差分对走线格式，包括设置差分走线间宽度、间隙等。

3）"SMT"标签

设置系统表面贴装元件的布线规则。单击左侧列表框中的"SMT"，"SMD To Corner"设置SMD焊盘边缘到布线拐角的最小距离。布线的拐角会导致信号之间的串扰，因此要设置信号传输线至拐角的距离，默认间距为0 mil。

4）"Mask"标签

设置阻焊剂铺设的尺寸，即焊盘到阻焊层的距离。"Solder Mask Expansion"设置从焊盘到阻焊层之间的扩展值，防止阻焊层和焊盘互相重叠；"Paste Mask Expansion"设置从焊盘到膏锡层之间的扩展值，防止膏锡层和焊盘互相重叠，默认距离为0 mil。

5）"Plane"标签

设置中间电源层布线规则，包括大面积铺铜和信号线连接的参数等内容。"Power Plane Connect Style"设置焊盘与电源层的连接方式，有"Relief Connect""Direct Connect""No Connect"三种连接方式；"Power Plane Clearance"选项组，设置内电层与不属于电源和接地层网络的过孔之间的安全距离，即避免导线短路的最小距离，系统的默认值是20 mil；"Polygon Connect Style"选项组，设置多边形铺铜与属于电源和接地层网络的过孔之间的连接方式。

6）"Testpoint"标签

用于设置测试点的形状和用法等规则，主要规则如下。

（1）"Fabrication Testpoint Style"选项组：设置制造测试点类型。测试点连接在任一网络上，形式与过孔类似，可通过测试点引出板子上的信号用于调试，主要用在"自动布线器""在线DRC检测""Output Generation"等阶段，设置制造测试点的尺寸、间距、栅格、工作层等内容。

（2）"Fabrication Testpoint Usage"选项组：每一个目标网络都使用一个测试点，该选项为默认设置。

（3）"Assembly Testpoint Style"规则：设置装配测试点的形式。

（4）"Assembly Testpoint Usage"规则：设置装配测试点的使用参数。

7）"Manufacturing"标签

用于设置PCB制作工艺的有关参数，主要规则如下。

（1）"Minimum Annular Ring"规则：设置板子最小焊盘宽度，即焊盘直径与孔径之间的宽度值，系统默认值是10 mil。

（2）"Acute Angle"规则：设置锐角走线角度限制。制板时锐角会造成工艺问题和导致拐角的铜过度腐蚀，通过此项设置可以检查出所有工艺无法达到的锐角面线，默认值为60°。

（3）"Hole Size"规则：设置过孔孔径最大值和最小值范围。过小的钻孔孔径可能在工艺上无法制作，此设置为防止出现此类错误。

（4）"Layers Pairs"规则：检查当前使用的板层对与当前的钻孔层对是否相匹配，在设计多层板时，如果使用了盲孔，就应该在此设置板层对规则。勾选"加强层对设定"复选框，实现强制执行此项规则检查。

8）"High Speed"标签

高频电路中的高频信号对电气特性有特殊的要求，因此在设计板子时要设置一些特殊的选项，以保证高频电路能稳定地工作。

9）"Placement"标签

用于设置元件布局规则。

10）"Signal Integrity"标签

设置信号完整性分析和电路仿真时的一些规则。

2. 自动布线

单击"布线"菜单，选择"自动布线"命令，在出现的下拉命令中可以进行全局自动布线，也可对指定网络、元件、区域等进行独立的布线操作，主要命令功能如下。

（1）"全部"命令：用于实现全局自动布线。选择"自动布线"→"全部"命令，弹出如图 2 - 60 所示"Situs 布线策略"对话框，在其中选择任一项布线策略（系统默认双面板策略），单击"Route All"按钮进行全局布线。同时弹出如图 2 - 61 所示"Messages"面板，提示自动布线过程信息。

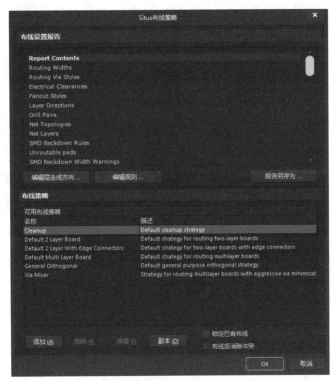

图 2 - 60　"Situs 布线策略"对话框

图 2 - 61　"Messages"面板

（2）"网络"命令：实现为指定的网络自动布线。选择"自动布线"→"网络"命令，光标变为十字形，单击需要布线的元件引脚处，此引脚所在的网络都会执行自动布线。此时光标仍处于十字形，可以继续单击相应网络结点进行自动布线。右击或按 Esc 键即可退出自动布线操作。

（3）"网络类"命令：实现为指定的网络类自动布线。网络类是多个网络集合，单击"设计"菜单并选择"类"命令，系统默认的网络类是当前 PCB 中所有网络，用户可以定义新的网络类。

（4）"连接"命令：实现为指定的两个存在电气连接的焊盘自动布线。选择"自动布线"→"连接"命令，光标变为十字形，单击两个存在电气连接的一个焊盘或飞线，即执行自动布线操作。此时光标仍处于十字形，可以继续进行自动布线。右击或按 Esc 键即可退出自动布线操作。

（5）"区域"命令：选择"自动布线"→"区域"命令，光标变为十字形，在适当位置拖动出一个区域，系统对此区域进行自动布线操作。此时光标仍处于十字形，可以继续进行自动布线。右击或按 Esc 键即可退出自动布线操作。

（6）"Room"命令：选择"自动布线"→"Room"命令，光标变为十字形，单击一个房间，系统对此区域进行自动布线操作。此时光标仍处于十字形，可以继续进行自动布线。右击或按 Esc 键即可退出自动布线操作。

（7）"元件"命令：选择"自动布线"→"元件"命令，光标变为十字形，单击一个元件焊盘，系统对所有从选定元件的焊盘引出的连接进行自动布线操作。此时光标仍处于十字形，可以继续进行自动布线。右击或按 Esc 键即可退出自动布线操作。

（8）"元件类"命令：对指定元件类内所有元件的连接自动布线。系统默认的元件类为所有元件，不能对其进行编辑修整。可以使用元件类生成器自行建立元件类。选择"自动布线"→"元件类"命令，在弹出的"Choose Net Classes to Route"对话框中选择需要自动布线的元件类即可。

（9）"选中对象的连接"命令：先选中需要布线的元件，再选择"自动布线"→"选中对象的连接"命令，为所选元件的连接自动布线。

（10）"选择对象之间的连接"命令：先选中需要布线的元件，再选择"自动布线"→"选择对象之间的连接"命令，为所选对象的所有连接自动布线。

（11）"扇出"命令：单击"布线"菜单，选择"扇出"命令。

3. 放置铺铜、补泪滴

1）放置铺铜

单击"放置"菜单，选择"铺铜"命令；或单击"布线"工具栏中图标▩，光标变为十字形，在板子的禁止布线层边界线内画出一个闭合的多边形，每单击一次确定多边形的一个顶点，绘制完成后右击即可完成当前铺铜的绘制。此时光标仍处于十字形，仍可继续进行放置铺铜操作，右击或按 Esc 键即可退出当前操作。

2）设置铺铜属性

双击已放置的铺铜或在绘制铺铜过程中按 Tab 键，弹出如图 2-62 所示"Polygon Pour"属性面板，在此设置当前铺铜的属性。

（1）"Properties"选项组，Net、Layer、Name：设置铺铜名称。

（2）"Fill Mode"选项组：设置铺铜填充模式。"Solid（Copper Regions）"铺铜区域铺铜为全部填充，可以设置删除孤立区域铺铜的面积限制值和删除凹槽的宽度限制值；"Hatched（Tracks/Arcs）"铺铜区域铺铜为网络状填充，可以设置网络线的宽度、尺寸、围绕焊盘形状、栅格类型等内容；"None（Outlines）"铺铜区域铺铜为只保留边界线，内部无填充，可以设置铺铜边界导线的宽度、围绕焊盘的形状等内容。

（3）"Don't Pour Over Same Net Objects"：设置铺铜的内部填充不与同一网络对象及铺铜边界线相连。

（4）"Pour Over Same Net Polygons Only"：设置铺铜内部填充与铺铜边界线相连，且与同一网络中焊盘相连。

（5）"Pour Over All Same Net Objects"：设置铺铜的内部填充与铺铜边界相连，且与同一网络中所有对象相连。

（6）"Remove Dead Copper"复选框：设置是否删除孤立区域铺铜。

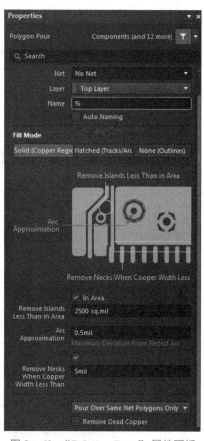

图 2-62　"Polygon Pour"属性面板

4. 放置泪滴

在焊盘与导线之间用铜膜布置一个过渡区，形状像泪滴，因此称为补泪滴。单击"工具"菜单，选择"泪滴"命令，弹出如图 2-63 所示"泪滴"对话框，其中主要功能如下。

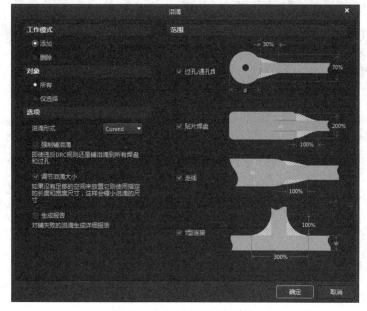

图 2-63　"泪滴"对话框

（1）"工作模式"选项组。添加，执行添加泪滴操作；删除，执行删除泪滴操作。

（2）"对象"选项组。所有，对所有对象添加泪滴；仅选择，对选中对象添加泪滴。

（3）"选项"选项组。"泪滴形式"，包括两类，即"Curved""Line"；"强制铺泪滴"复选框，强制对所有焊盘或过孔添加泪滴；"调节泪滴大小"复选框，添加泪滴操作时可以自动调整泪滴的大小；"生成报告"复选框，执行添加泪滴操作后会自动生成一个与添加泪滴操作的报表文件并在工作窗口显示。

2.2.3 设计规则检查

设计规则检查（DRC）是对设计中的逻辑完整性和物理完整性进行的自动检查操作。

1. 设计规则检查器

单击"工具"菜单，选择"设计规则检查器"命令，弹出如图 2-64 所示"设计规则检查器"对话框。

1）"Report Options"

单击图 2-64 左侧列表中的"Report Options"文件夹，右侧窗口即显示相关内容。

（1）创建报告文件：自动生成报告文件（扩展名.DRC），包含本次 DRC 操作使用的规则、违规数目和信息说明。

（2）创建冲突：设置违规对象和违规消息之间的连接，可以直接通过"Messages"面板中的违规消息定位至违规对象。

（3）子网络细节：检查网络连接关系并生成报告。

（4）验证短路铜皮：检查铺铜或非网络连接造成的短路。

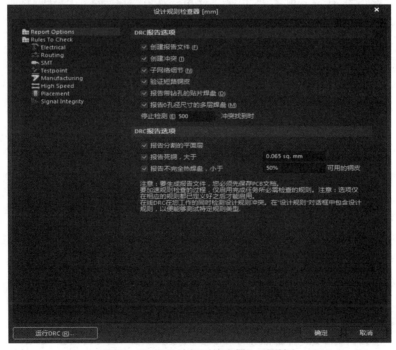

图 2-64 "设计规则检查器"对话框

2）"Rules To Check"

单击图 2 – 64 左侧列表中的"Rules To Check"文件夹，右侧窗口显示 PCB 中常用规则，包括线宽设定、导线间距、过孔尺寸、网络拓扑结构、元件安全距离等内容。"在线"选项功能是进行在线 DRC，"批量"选项功能是在批处理 DRC 中执行该规则检查。单击"运行 DRC"按钮，即可执行批处理 DRC。

2. 执行设计规则检查

1）在线 DRC

单击图 2 – 64 所示对话框中的"运行 DRC"按钮，系统进行 DRC 检查。在线 DRC 在后台运行，检查后会显示 DRC 报告文件。如果有错误，会显示与规则冲突的详细参考信息（包括层、网络名、元件标识符、焊盘序号、对象位置等）。

2）批处理 DRC

使用批处理 DRC 功能，可以实现在 PCB 设计过程中随时手动运行一次规则检查。有些规则可以进行批处理 DRC，而有些规则不可以进行批处理 DRC。通常，大部分规则是都可以进行两种检查方式。

2.2.4　PCB 报表文件

完成原理图与 PCB 设计后，需要生成多种 PCB 报表文件，给用户提供有关设计内容的详细资料，为板子后期制作、实际材料购置、文件交流等提供依据。

1. PCB 信息报表文件

PCB 信息报表文件是为用户提供当前板子尺寸、焊盘和过孔的数量、元件标识符等元件和网络信息内容。单击 PCB 窗口右侧的"Properties"→"Board Information"选项组，弹出如图 2 – 65 所示属性面板，包括当前板子的尺寸信息、元件数目、工作层数目、网络数目、板子其余对象具体数目等信息。单击"Report"按钮，弹出"板级报告"对话框，单击选择需要在报告中包括的内容，单击"报告"按钮，即可生成"Board Information Report"文件并自动打开在当前窗口中，如图 2 – 66 所示。

2. 元件清单报表

单击"报告"菜单，选择"Bill of Materials"命令，弹出如图 2 – 67 所示"Bill of Materials for PCB Document"对话框。设置好对话框中内容后单击"Export"按钮，在弹出的对话框中保存文件即可。

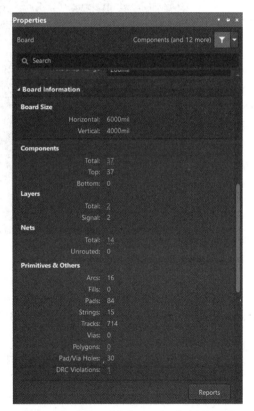

图 2 – 65　"Board Information"属性面板

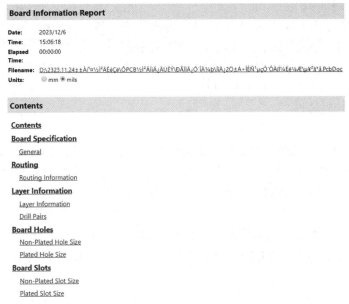

图 2 – 66　PCB 信息报表文件

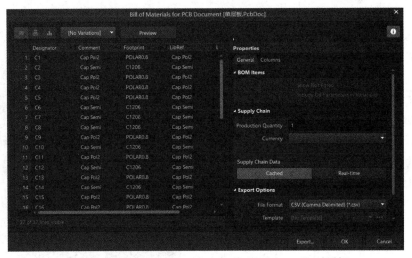

图 2 – 67　"Bill of Materials for PCB Document" 对话框

3. 网络表状态报表文件

单击"报告"菜单，选择"网络表状态"命令，自动生成并弹出如图 2 – 68 所示"Net Status Report"文件。此文件列出当前 PCB 中所有网络名、工作层、网络长度等信息。

4. Gerber 文件

Gerber 文件是用于板子加工工艺的光绘文件，是一种国际标准的光绘格式文件，包含 "RS274D"和"RS274X"两种，常用的 CAD 软件都能生成这两种格式文件。

1）设置 Gerber 文件

单击"文件"菜单，选择"制造输出"→"Gerber Files"命令，弹出如图 2 – 69 所示 "Gerber 设置"对话框，其中主要功能如下。

Net Status Report

Date:	2023/12/6
Time:	15:10:11
Elapsed Time:	00:00:00
Filename:	D:\2323.11.24±±Áí°±½í²ÂÉ¢¢Çê\ÓPC8½í²ÂÀlÂ¿AUÉÝ\ÐAìíÂ¿Ó´ÍÂ½þ\ìíÂ¿2Ó±À~ÍÉÑ´µçÒ´ÒAìí¼Éé¼Æ¼µ¥²â°ÀPcbÐøç
Units:	○ mm ● mils

Nets	Layer	Length
+12V	Signal Layers Only	3850.196mil
+15V	Signal Layers Only	723.679mil
+5V	Signal Layers Only	2350.613mil
-12V	Signal Layers Only	1666.463mil
-15V	Signal Layers Only	1581.617mil
GND1	Signal Layers Only	11836.018mi
GND2	Signal Layers Only	9078.031mil
NetC11_2	Signal Layers Only	4976.496mil
NetC15_1	Signal Layers Only	7171.330mil
NetC18_1	Signal Layers Only	2399.595mil
NetC3_1	Signal Layers Only	6015.268mil
NetDa_1	Signal Layers Only	7792.776mil

图 2-68 "Net Status Report" 文件

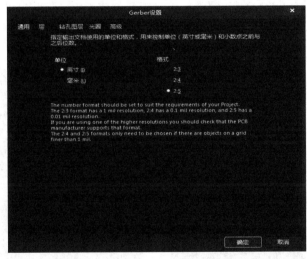

图 2-69 "Gerber 设置" 对话框

（1）"通用"选项卡：如图 2-69 所示，设置 Gerber 文件的单位与格式，单位为公制或英制。单位为英制时，其格式中的"2：3"表示数据由 2 位整数和 3 位小数构成，其余格式类似功能。

（2）"层"选项卡：如图 2-70 所示，设置光绘文件需要输出的工作层。在左侧"出图层"列表中选择需要生成光绘文件的工作层，若勾选"镜像"复选框，可以对当前工作层镜像输出。右侧的"添加到所有层的机械层"列表中显示所有的机械层，选中相应机械层即可输出至光绘文件中。"包括未连接的中间层焊盘"复选框，实现在光绘文件中绘出未连接的中间层中的焊盘。

（3）"钻孔图层"选项卡：如图 2-71 所示，设置钻孔绘制图、钻孔图层对、钻孔绘制图标注符号的信息。

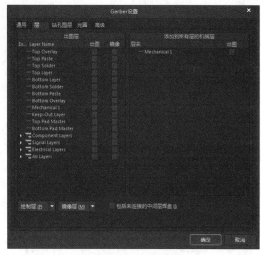

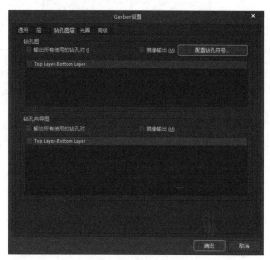

图 2-70 "层"选项卡　　　　　　　图 2-71 "钻孔图层"选项卡

（4）"光圈"选项卡：如图 2-72 所示，在此设置生成光绘文件时建立光圈的选项。若勾选"嵌入的孔径（RS274X）"复选框，功能是生成光绘文件时自动建立光圈。

（5）"高级"选项卡：如图 2-73 所示，在此设置与光绘胶片相关的选项，包括胶片规则、孔径匹配公差、批量模式、胶片中的位置等。

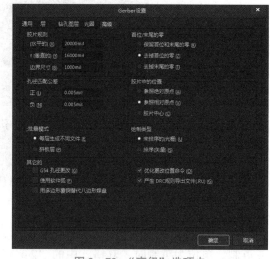

图 2-72 "光圈"选项卡　　　　　　　图 2-73 "高级"选项卡

2）生成 Gerber 文件

"Gerber 设置"对话框中所有参数设置完成后，单击"确定"按钮，系统会自动生成 Gerber 文件，同时在当前项目中生成"Generated"文件夹及其下级文件夹"Text Documents"。系统会自动打开"CAMtasticl. Cam"文件，在此可以对 PCB 图进行校验、编辑和删除操作。

5. PCB 三维视图

1）设置"PCB Filter"面板

在 PCB 文件中，单击"视图"菜单，选择"切换到三维模式"命令，则会显示当前

PCB 的三维视图。"PCB Filter"面板会自动弹出，如图 2 – 74 所示。

（1）"选择高亮对象"列表框：在此选择需要高亮显示的对象。

（2）"层"列表框：包括当前 PCB 所有工作层，选中相应工作层后，与"选择高亮对象"列表框中选中对象共同配合来高亮显示满足这两类条件的对象。

（3）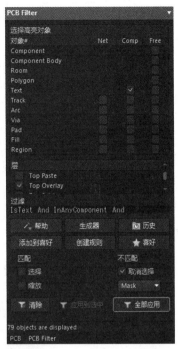 按钮：设置高亮显示方式，包括"Normal"（正常）、"Mask"（遮挡）、"Dim"（变暗），共三种显示方式。

（4）"清除"按钮：清除当前设置选项，同时右侧窗口退出高亮显示状态。

（5）"全部应用"按钮：应用当前设置选项，同时在右侧窗口高亮显示对象。

2）设置"View Configuration"面板

单击窗口右下角 Panels 按钮→"View Configuration"命令→"View Options"标签，打开如图 2 – 75 所示"View Options"标签。在此设置三维面板的基本选项。

（1）"General Settings"选项组。

在此设置三维显示模式和显示对象。

图 2 – 74　"PCB Filter"面板

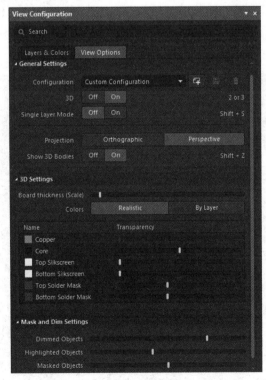

图 2 – 75　"View Configuration"面板中"View Options"标签

①"Configuration"：单击其右侧下拉列表，会显示三维显示模式列表。

②"3D"：单击"On"按钮打开三维模式，单击"Off"按钮关闭三维模式。

③"Single Layer Mode"：单击"On"按钮打开单层模式，单击"Off"按钮关闭单层模式。

④"Projection"："Orthographic"，正投影；"Perspective"，透视投影。

⑤"Show 3D Bodies"：单击"On"按钮打开此功能，单击"Off"按钮关闭此功能。

（2）"3D Settings"选项组。

①"Board thickness（Scale）"：通过调节水平条来设置板子厚度比例。

②"Colors"：设置颜色模式，"Realistic"，逼真；"By layer"，随工作层。

③"Transparency"：通过调节列框中每个对象的水平条来设置不同工作层透明度。

（3）"Mask and Dim Settings"选项组。

通过调节水平条来调节对应选项的屏蔽和调光属性，包括"Dimmed Objects""High-lighted Objects""Masked Objects"三个选项。

2.2.5 新建元件封装库文件

单击"文件"菜单，选择"新的"→"库"→"PCB元件库"命令，单击常用工具栏中的图标 ，在弹出的保存文件对话框中输入文件名，单击"OK"按钮，即新建了一个PCB元件库文件。也可以在"Projects"工作面板中的当前项目名称上右击并在弹出的快捷菜单中选择"添加新的...到工程"→"PCB Library"命令，新建PCB封装库文件。元件封装库文件窗口主要由元件封装库面板、主工具栏、菜单栏、快捷工具栏、工作层标签和工作区等组成，如图2-76所示。

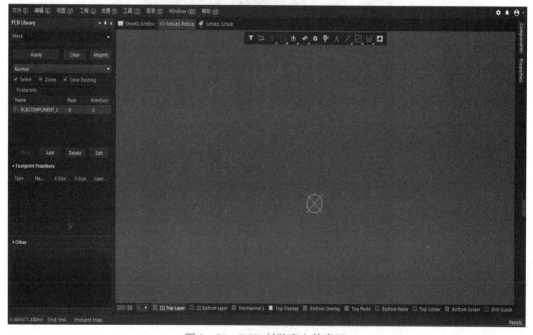

图 2-76　PCB 封装库文件窗口

1. 元件封装库面板

元件封装库面板自动出现在当前窗口的左侧，如图 2-77 所示，主要选项功能如下。

1）"Mask" 文本框

元件封装筛选框，在此输入元件封装名称；"Apply" 按钮用于应用筛选内容；"Clear" 按钮用于清除筛选内容；"Magnify" 按钮用于放大显示。

2）"Footprints" 列表框

下方显示库中所有符合屏蔽条件的元件封装。单击元件列表内的元件封装名，弹出如图 2-78 所示"PCB 库封装〔mil〕"对话框。"名称"修改元件封装的名称；"高度"修改元件封装的高度，其高度是提供给 PCB 3D 仿真时使用的；"描述"元件封装器件的描述；"类型"元件封装的类型。

图 2-77　元件封装库面板

图 2-78　"PCB 库封装〔mil〕"对话框

3）"Footprint Primitives" 列表框

列出在元件封装列表框中选中的元件封装的具体图元信息。

4）"Others" 预览区

显示在元件封装列表框中选中的元件封装外形。

2. 使用向导生成自制元件封装

元件封装库文件中的"工具"菜单，用于实现绘制自制元件封装及元件封装管理的相应操作。单击"工具"菜单并选择"IPC Compliant Footprint Wizard"命令，弹出如图 2-79 所示"IPC Compliant Footprint Wizard"对话框。使用器件的真实尺寸作为输入参数，建立行业标准的新的元件封装创建向导。

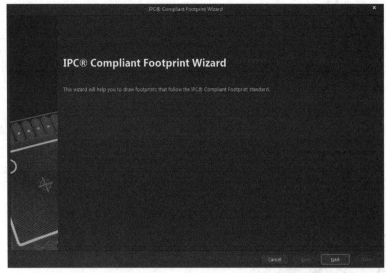

图 2-79 "IPC Compliant Footprint Wizard" 对话框

（1）单击"Next"按钮，进入元件封装类型选择对话框。在类型下拉列表中列出了各种封装类型，以 PLCC（塑封 J 引线芯片封装）为例说明"IPC Compliant Footprint Wizard"的操作方法，如图 2-80 所示。

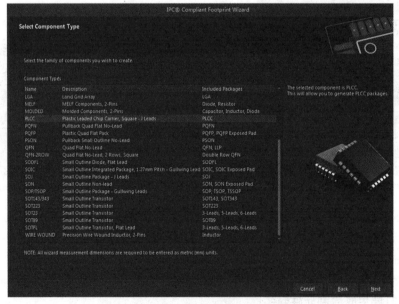

图 2-80 元件封装类型选择对话框

（2）单击"Next"按钮，进入 PLCC 元件封装总体外形尺寸设定对话框。可根据器件封装的真实尺寸作为输入参数，如图 2-81 所示。

（3）单击"Next"按钮，进入 PLCC 元件封装引脚设定对话框，如图 2-82 所示。

（4）单击"Next"按钮，进入 PLCC 元件封装轮廓设定对话框，如图 2-83 所示。

（5）单击"Next"按钮，进入 PLCC 元件焊盘设定对话框，如图 2-84 所示。

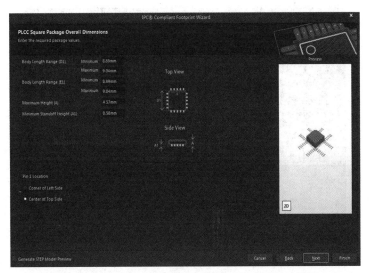

图 2 – 81　PLCC 元件封装总体外形尺寸设定对话框

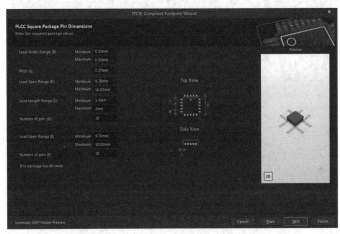

图 2 – 82　PLCC 元件封装引脚设定对话框

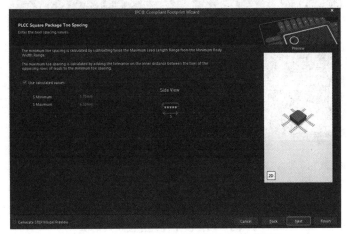

图 2 – 83　PLCC 元件封装轮廓设定对话框

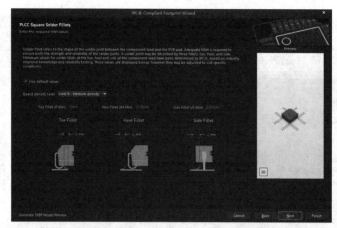

图 2 – 84　PLCC 元件焊盘设定对话框

（6）单击"Next"按钮，进入 PLCC 元件焊盘间距设定对话框，如图 2 – 85 所示。

图 2 – 85　PLCC 元件焊盘间距设定对话框

（7）单击"Next"按钮，进入 PLCC 元件公差设定对话框，如图 2 – 86 所示。

图 2 – 86　PLCC 元件公差设定对话框

（8）单击"Next"按钮，进入 PLCC 元件焊盘位置和类型设定对话框，如图 2 – 87 所示。

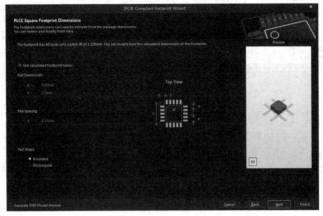

图 2 – 87　PLCC 元件焊盘位置和类型设定对话框

（9）单击"Next"按钮，进入 PLCC 元件丝印层封装轮廓尺寸设定对话框，如图 2 – 88 所示。

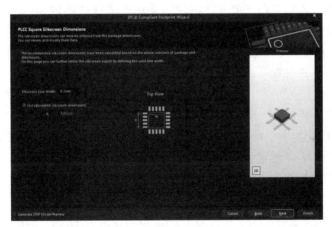

图 2 – 88　PLCC 元件丝印层封装轮廓尺寸设定对话框

（10）单击"Next"按钮，进入 PLCC 元件部件和零部件主体信息设定对话框，如图 2 – 89 所示。

（11）单击"Next"按钮，进入 PLCC 元件封装命名设定对话框。

（12）单击"Next"按钮，进入 PLCC 元件封装路径设定对话框。

（13）单击"Next"按钮，进入 PLCC 元件封装制作完成对话框。单击"Finish"按钮，完成 PLCC 元件封装制作，并退出封装向导。

2.2.6　绘制元件封装

1. 绘制自制元件封装

（1）新建元件封装。单击"工具"菜单并选择"新的空元件"命令，即可新建一个空

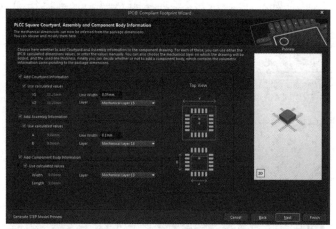

图 2 – 89　PLCC 元件部件和零部件主体信息设定对话框

白的元件封装。此时在 "PCB Library" 面板中显示以 "PCBCOMPONENT_1" 命名的元件封装。也可以在元件封装管理器中的封装名称上右击，从弹出快捷菜单中选择 "New Blank Footprint" 命令，新建一个空白的元件封装。

（2）设置元件封装参考点。单击 "编辑" 菜单，选择 "跳转"→"新位置" 命令，弹出如图 2 – 90 所示 "Jump To Location［mil］" 对话框。在此输入坐标原点（0，0），单击 "OK" 按钮，光标自动定位到坐标原点。也可以重新设置坐标原点，单击 "编辑" 菜单，选择 "设置参考"→"位置" 命令，光标变为十字形，在任意位置单击，此点位置成为新的坐标原点。

（3）放置元件封装焊盘。单击 "Multi – layer" 工作层标签，单击 "放置" 菜单并选择 "焊盘" 命令，光标变为十字形且有一个焊盘随光标一同移动。直接在指定位置单击，即可放置一个焊盘，右击结束放置。用同样的方法，放置当前元件封装中其余的焊盘。其次，根据元件引脚实际尺寸来调整各个焊盘间距和焊盘形状与大小。双击放置好的焊盘，弹出如图 2 – 91 所示 "Pad" 属性面板，在此设置焊盘属性。

（4）绘制元件封装外形。单击 "Top Overlayer" 工作层标签，单击快捷工具栏中线条图标，在丝印层上绘制当前元件封装的外形。元件封装的焊盘序号一定要设置准确且不能有重复现象，元件封装中的焊盘序号与其对应的原理图中元件引脚序号是一一对应的，否则无法添加到原理图元件的封装模型中。

（5）设置元件封装的参考点。单击 "编辑" 菜单并选择 "设置参考" 命令，其下拉子菜单中有 "1 脚""中心""位置" 三个命令，这三条命令的功能分别是：设置引脚 1 为当前元件封装的参考点；设置当前元件封装的几何中心为参考点；选择一个具体位置作为当前元件封装的参考点。在电路板中移动元件封装时，将以它的参考点为中心点进行移动。

2. 设置自制封装属性

（1）在元件封装库编辑管理器中双击此元件名称，弹出如图 2 – 92 所示对话框，在 "名称" 文本框中设置新的封装名称，在 "高度" 文本框中设置封装高度，在 "描述" 文本框中设置元件封装的描述信息，在 "类型" 文本框中设置元件封装的类型，默认选择 "Standard"（标准）。单击 "确定" 按钮结束当前操作。

图 2 – 90 "Jump To Location ［mil］" 对话框

图 2 – 91 "Pad" 属性面板

图 2 – 92 "PCB 库封装 ［mil］" 对话框

（2）在元件封装库编辑管理器中设置自制封装属性的元件名称，单击 Edit 按钮，设置自制封装属性。

（3）在已绘制好的元件封装库文件中，单击"工具"菜单，选择"元件属性"命令。

3. 应用自制封装

单击"文件"菜单并选择"保存"命令，在弹出的对话框中输入原理图元件库文件名称和路径即可。此时，在"PCB Library Document"子目录下会显示 PCB 自制元件库文件的名称。单击窗口左侧的"PCB Library"面板，单击面板左下角的 Place 按钮，可以调用已经编辑好的元件封装到已存在的 PCB 中。或在 PCB 编辑工作区中，单击工作区右侧的"Components"面板，在元件库选项框中选择当前项目中的原理图元件库文件"×××.PcbLib"，再从其下拉列表中选取相应的自制元件封装。

2.2.7 生成项目元件封装库

项目元件封装库是将当前项目中用到的所有元件封装集合在一个元件封装库文件中。具体操作方法是：打开当前项目中的电路板文件，单击"设计"菜单并选择"生成 PCB 库"命令，生成的元件封装库以当前项目名来命名，且扩展名为".PcbDoc"，如图 2 – 93 所示。

图 2 - 93　当前项目的元件封装库

2.2.8　信号完整性分析

信号完整性是指信号通过信号线传输后仍能保持完整，即当电路中的信号能够以正确的时序、要求的持续时间和电压幅度进行传送并到达输出端时，说明该电路具有良好的信号完整性。当信号不能正常响应时，说明信号完整性有问题。信号完整性差不是由某一个单一因素导致的，而是由板级设计中的多种因素共同引起的。实践说明集成电路的工作速度过高、端接元件的布局不合理、电路互连不合理等都会引发信号完整性问题。常见的信号完整性问题主要有传输延迟、串扰反射、接地反弹。

1. 信号完整性分析规则设置

设计参数设置简单、通过运行 DRC 可以快速定位不符合设计需求的网络、可以从 PCB 中直接进行信号完整性分析、提供快速的反射和串扰分析、信号完整性分析结果采用示波器形式显示、采用成熟的传输线特性计算和并发仿真算法、提供 IC 模型库且包括校验模型、自动模型连接、快速地自定义模型。

在 PCB 文件中，单击"设计"菜单，选择"规则"命令，弹出"PCB 规划及约束编辑器"对话框。单击左侧列表中"Signal Integrity"选项，其右侧窗口显示各种信号完整性分析内容，如图 2 - 94 所示，主要规则内容如下。

1）"Signal Stimulus"规则

右击此规则名称，在弹出的快捷菜单中选择"新规则"命令，在此设置激励信号的各项参数。

2）"Overshoot - Falling Edge"规则

设置信号下降边沿允许的最大过冲值，即信号下降沿上低于信号基值的最大阻尼振荡，系统默认单位是 V。

图 2-94　"PCB 规则及约束编辑器" 对话框

3)"Overshoot – Rising Edge" 规则

设置信号上升边沿允许的最大过冲值,即信号上升沿上高于信号上位值的最大阻尼振荡,系统默认单位是 V。

4)"Undershoot – Falling Edge" 规则

设置信号下降边沿允许的最大下冲值,即信号下降沿上高于信号基值的阻尼振荡,系统默认单位是 V。

5)"Undershoot – Rising Edge" 规则

设置信号上升边沿允许的最大下冲值,即信号上升沿上低于信号上位值的阻尼振荡,系统默认单位是 V。

6)"Impedance" 规则

设置电路板上所允许的电阻的最大值和最小值,系统默认单位是 Ω。阻抗与导体的几何外观、电导率、导体外的绝缘层材料、电路板的几何物理分布以及导体间在 Z 平面域的距离相关。上述的绝缘层材料包括板的基本材料、多层间的绝缘层以及焊接材料等。

7)"Signal Top Value" 规则

设置线路上信号在高电平状态下所允许的最小稳定电压值,是信号上位值的最小电压,系统默认单位是 V。

8)"Signal Base Value" 规则

设置线路上信号在低电平状态下所允许的最大稳定电压值,是信号的最大基值,系统默认单位是 V。

9)"Flight Time – Rising Edge" 规则

设置信号上升边沿允许的最大飞行时间,是信号上升边沿到达信号设定值的 50% 时所需的时间，系统默认单位是 s。

10）"Flight Time – Falling Edge" 规则

飞升时间的下降沿是相互连接的结构的输入信号延迟，是实际的输入电压到门限电压之间的时间。设置信号下降边沿允许的最大飞行时间，是信号下降边沿到达信号设定值的50% 时所需的时间，系统默认单位是 s。

11）"Slope – Rising Edge" 规则

设置信号从门限电压上升到一个有效的高电平时所允许的最大时间，系统默认单位是 s。

12）"Slope – Falling Edge" 规则

设置信号从门限电压下降到一个有效的低电平时所允许的最大时间，系统默认单位是 s。

13）"Supply Nets" 规则

设置电路板上电源网络标号，信号完整性分析器需要了解电源网络标号名称和电压。

在设置好完整性分析的各项规则后，打开 PCB 文件，系统即可根据信号完整性的规则设置进行 PCB 的板级信号完整性分析。

2. 设置元件信号完整性模型

信号完整性分析是建立在模型基础之上的，这种模型称为信号完整性模型，简称"SI模型"。与封装模型、仿真模型一样，SI 模型也是元件的一种外在表现形式，很多元件的 SI模型与相应的原理图符号、封装模型、仿真模型一起，被系统存放在集成库文件中。因此，需要对元件的 SI 模型进行设定。元件的 SI 模型可以在信号完整性分析之前设定，也可以在信号完整性分析的过程中进行设定。

1）在信号完整性分析前设置元件 SI 模型

软件提供了多种可以设置 SI 模型的元件类型，如"IC""Resistor""Capacitor""Connector""Diode""BIT"等，对于不同类型的元件的设置方法不同。

2）在信号完整性分析中设置元件 SI 模型

在当前项目的原理图文件中，单击"工具"菜单，选择"Signal Integrity"命令。单击"Model Assignments"按钮，弹出"Signal Integrity Model Assignments for"对话框，显示所有元件的 SI 模型设置情况。

完成元件 SI 模型设置后，可将其保存至原理图源文件中以便下次使用。勾选要保存元件后面的复选框，单击"更新模型到原理图中"按钮，即可完成 PCB 与原理图中 SI 模型的同步更新保存。保存了的模型状态信息均显示为"Model Saved"。

3. 设置信号完整性分析器

在 PCB 文件中，单击"工具"菜单，选择"Signal Integrity"命令，弹出"Signal Integrity"对话框，即信号完整性分析器，包括功能如下：

1）Net 列表

网络列表中列出了 PCB 文件中所有需要进行分析的网络，在此选中需要进一步分析的网络，单击 图标将其添加到右边的"Net"下拉列表框中。

2）Status 列表

显示信号完整性分析后的相应网络状态，包括"Passed""Not analyzed""Failed"。

3）Designator 列表

显示"Net"下拉列表板中所选中网络的连接元件及引脚和信号的方向。

4）Termination 列表

在对 PCB 进行信号完整性分析时，需要对线路上的信号进行终端补偿测试，以使 PCB 中的线路信号达到最优。系统提供了以下 8 种信号终端补偿方式。

（1）"No Termination"补偿。直接进行信号传输，对终端不进行补偿，是系统的默认方式。

（2）"Serial Res"（串阻）补偿。在点对点的连接方式中直接串入一个电阻，以减少外来电压波形的幅值，以消除接收器的过冲现象。

（3）"Parallel Res to VCC"补偿。在电源 VCC 输入端并联电阻与传输线阻抗相匹配。由于电阻上电流会增加电源的消耗，导致低电平阈值的升高，该阈值会根据电阻值的变化而变化，有可能超出在数据区的定义条件。

（4）"Parallel Res to GND"补偿。在接地输入端并联电阻与传输线阻抗相匹配，与电源 VCC 端并阻补偿方式类似，有电流流过时会降低高电平阈值。

（5）"Parallel Res to VCC & GND"补偿。将电源端并阻补偿与接地端并阻补偿结合，适用于 TTL 总线系统。在电源与地之间直接接入一个电阻，流过的电流将比较大，因此对于两电阻的阻值分配应折中选择，以防电流过大。

（6）"Parallel Cap to GND"补偿。在接收输入端对地并联一个电容，可以减少信号噪声，是制作 PCB 时最常用的方式，其优点是可有效消除铜膜导线在走线拐弯处所引起的波形畸变，其缺点是波形上升沿或下降沿会变得平坦，导致上升时间和下降时间增加。

（7）"Res and Cap to GND"补偿。在接收输入端对地并联一个电容和一个电阻，在终端网络中不再有直流电流流过，使线路信号的边沿比较平坦，这种补偿方式可以使传输线上的信号被充分终止。

（8）"Parallel Schottky Diode"补偿。在传输线终结的电源和接地端并联肖特基二极管，可以减少接收端信号的过冲和下冲值，大多数标准逻辑集成电路的输入电路都采用了这种补偿方式。

5）Perform Sweep 复选框

按照所设置的参数范围对整个系统的信号完整性进行扫描，类似于电路原理图仿真中的参数扫描方式。一般勾选此项，扫描步数可以在后面进行设置并用系统默认值。

6）Menu 按钮

单击此按钮，将选中的网络添加到右侧的网络栏内。

任务 2.3　制作功率放大器电路板

🎯 任务描述

本任务是制作功率放大器的单层电子线路板。要求使用热转印法制作电子线路板，使用直接感光法制作电子线路板的丝印层和阻焊层。

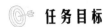

任务目标

通过完成功率放大器电子线路板的制作，学生了解单层电子线路板制作的详细流程并掌握直接感光法进行图形转移的工艺和方法、电子线路板阻焊层的制作工艺和制作方法、电子线路板丝印层的制作工艺和制作方法。

任务实施

使用热转印工艺制作单层电子线路板的流程如图 2-95 所示。

图 2-95 使用热转印工艺制作单层电子线路板的流程

1. 准备材料

根据任务要求，需要准备的设备和材料主要包括裁板机、电路板自动抛光机、计算机、激光打印机、热转印机、高速台钻、丝印机、曝光机、显影机、烘干机、覆铜板、热转印纸、菲林片、纸胶带、剪刀、三氯化铁、阻焊油墨、字符油墨。

2. 裁板

根据设计好的 PCB 图大小来确定所需基板的尺寸规格，并将基板裁剪好。

3. 处理覆铜板表面

使用电路板自动抛光机进行表面抛光处理，去除覆铜板金属表面氧化层保护膜及油污。

4. 打印

使用激光打印机将已设计好的 PCB 图打印在热转印纸的光滑面上。

5. 图形转印

将热转印纸上的图形转印到基板上。

6. 线路腐蚀

使用三氯化铁进行线路腐蚀。

7. 钻孔

使用高速台钻手工钻印制线路板的通孔。

8. 印制线路板表面清洁

使用抛光机对电子线路板表面进行处理，清除钻孔过程中产生的毛刺。

功率放大器电子线路板线路层制作如图 2－96 所示。

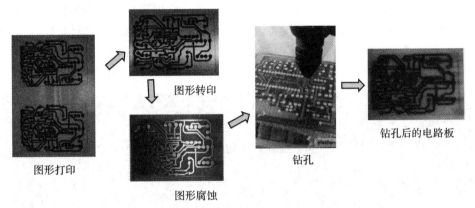

图 2－96　功率放大器电子线路板线路层制作

9. 阻焊油墨印刷

1）阻焊油墨准备

将阻焊油墨的主剂与硬化剂按 3∶1 比例混合，手工搅拌，使其混合均匀。用搅拌刀带起少量搅拌均匀的油墨，观察黏度是否合适。阻焊油墨必须搅拌均匀方可使用。阻焊油墨使用前需在空气中静置 15 min，使其温度和黏度稳定，并可使搅拌中带入的空气逸出。阻焊油墨混合后应在 48 h 内使用完毕。油墨使用完，应立即将油墨桶封好。

2）丝印机准备

将丝印台有机玻璃台面上的污点用酒精清洗干净；选择 120 目丝网，将丝网固定在丝印机上，将电子线路板的铜箔面向上，用双面胶将电子线路板固定好，调整丝网框的高度使其丝网面与电子线路板之间距离 2 mm 左右，然后压紧丝网框。

3）阻焊油墨印刷

选择合适宽度的胶质刮刀，将调好的阻焊油墨放置在丝网框的一边，让刮刀与平台成45°角，双手均匀用力压住刮刀，将阻焊油墨向另一边推压，刮刀匀速从电子线路板上刮过，将阻焊油墨均匀地涂覆在电子线路板上。应使刮刀上的阻焊油墨均匀分布，以保证电子线路板上油墨分布均匀。使用刮刀涂覆油墨时，只能一个方向刮印，不允许来回反复刮印。不要用手触摸已涂覆阻焊油墨的电子线路板，已涂覆阻焊油墨的电子线路板不能叠放在一起，应垂直放在烘干机的电路板搁架上。印刷完毕后，将丝网上多余的油墨回收，但是应注意回收的已混合油墨不允许与未混合的油墨放在一起。印刷完毕后及时用洗网水（5%显影液）清洗干净丝网，并晾晒。

10. 阻焊油墨预烘

将涂覆阻焊油墨的电子线路板放入烘干机中进行预烘，使油墨硬化。由于功率放大器电子线路板为单层电路板，因此可以设置预烘温度为 75～80 ℃，预烘时间为 15～20 min。预烘温度和时间应根据烘干机内线路板的数量进行调节，如果数量较多时，应适当提高预烘温度和延长预烘时间。烘干完成后，等电子线路板冷却到一定温度后，再取出电子线路板，以免烫伤。

11. 阻焊层打印

将顶层阻焊层打印在菲林片的粗糙面上。首先进行阻焊层打印选项设置。单击"文件"菜单→"页面"→"高级"命令，弹出如图 2 -97 所示"PCB 打印输出属性"对话框，打印层设置中分别选择"Keep - Out Layer""Top Layer"层。阻焊层是否镜像打印，要与顶层线路层是否镜像打印相同。若顶层线路层设为镜像打印，则阻焊层也必须为镜像打印；若顶层线路层设为非镜像打印，则阻焊层也必须为非镜像打印。然后根据 PCB 实际大小和菲林片大小进行排版，并根据打印预览情况调整 PCB 在菲林片上的整体布局，最后进行打印输出。

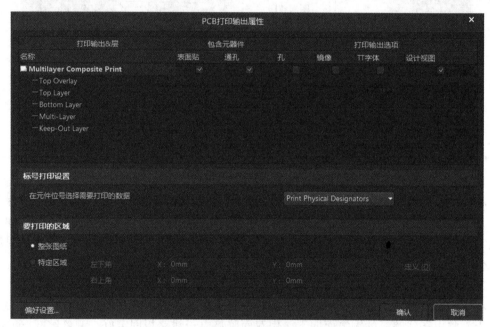

图 2 -97 "PCB 打印输出属性"对话框

12. 图形曝光

（1）打开曝光机翻盖，检查玻璃台面是否干净，若有污点，使用酒精擦洗干净。

（2）将阻焊层菲林片和涂覆阻焊油墨的电子线路板进行对位，使菲林片上的焊盘、焊点与电子线路板上的焊盘、焊点对齐，并进行粘贴固定。然后将菲林片面朝向曝光机的玻璃台面放好，盖上曝光机橡胶翻盖并扣紧。

（3）打开曝光机电源开关，设置曝光时间为 180 s，并打开曝光灯；将抽气旋钮旋至开，真空机启动抽气，按下"曝光"按钮，启动曝光，180 s 后曝光自动结束。

（4）启动放气开关，打开橡胶翻盖，取出电子线路板，揭去菲林片。菲林片的粗糙面（打印面）应朝向电子线路板的感光油墨面，以提高解像力。菲林片必须与电子线路板准确对位，不允许出现错位、移位。只要菲林片未出现划伤、损坏，就可以反复使用。由于曝光机功率较大，一次曝光后，等机体散热 2 min 后，才能进行第二次曝光。曝光操作时，若出现粘菲林片，可适当降低抽真空度。当曝光机使用完毕后，需检查玻璃台面是否干净，若有污点，则应酒精清洗干净，不允许使用汽油等有机溶剂清洁玻璃台面。

13. 阻焊显影

（1）配置显影液。配置浓度为 1% ~ 2% 的显影液。先打开进料口玻璃盖，加入 80 L 水，再倒入 800 g 显影粉（Na_2CO_3），然后盖好玻璃盖。

（2）显影。将已曝光的电子线路板夹好放入工作槽中。

（3）启动显影机，按"SET"功能键进入参数设置界面，设置显影温度为 45 ℃、显影时间为 1 min，按"确定"键，此时设备返回待机状态。

（4）系统自动检测显影液温度，并启动加热控制系统，当温度达到设定温度后，按"ENT"键启动设备，开始喷淋显影。当设定的时间到了，设备停止喷淋，声光提示完毕。

（5）取出电子线路板观察显影是否彻底、干净，必要时可重复操作一次。

（6）将显影后的电子线路板用清水冲洗干净。显影时接板操作需戴防护手套，轻取轻放，不能用手触摸电子线路板表面。显影液使用一段时间后，显影能力下降，当发现显影速度较慢时，应重新配置显影液。显影后检查不合格的板，可在 40 ~ 50 ℃、10% NaOH 溶液中浸泡 10 min，洗刷退膜后再进行返工处理。泡板退膜操作全过程必须戴橡胶手套。

14. 烘干

将清洗后的电子线路板放入烘干机进行固化。烘干温度 100 ℃，烘干时间 1 ~ 2 min。

15. 字符油墨印刷

将字符油墨（白色）与字符油墨固化剂按 3 : 1 比例混合，手工搅拌，使其混合均匀。选择 120 目丝网进行印刷，注意将字符油墨涂覆在电子线路板的元件安装面，即非铜箔面。工艺过程同阻焊油墨印刷。

16. 字符油墨预烘

将涂覆字符油墨的电子线路板放入烘干机中，预烘温度为 75 ℃，预烘时间 20 min。

17. 丝印层菲林打印

将顶层丝印层输出打印在菲林片的粗糙面上。

首先制作负片输出的丝印层。工作层标签选择 Mechanical 4（或所使用的机械层），单击"放置"菜单，选择"填充"命令，放置一个填充，其大小和 PCB 的尺寸相同。

单击"文件"菜单，选择"页面设置"→"高级"命令，进入"PCB 打印输出属性"对话框，进行打印层设置，分别选择"Keep - Out Layer""Top Overlay""Mechanical 4"层，在"Include Components"选项区中选择"Top"。当采用直接感光法制作丝印层时，丝印层必须是负片输出；不要碰触打印好的图形，避免造成线路断裂或模糊，影响图形转移质量。

18. 字符图形曝光

将丝印层菲林片的粗糙面（打印面）和涂覆字符油墨的电子线路板准确对位，并粘贴固定。设置曝光时间为 120 s 进行曝光。工艺过程同阻焊油墨曝光。

19. 字符显影

设置字符显影时间 1 min、显影温度为 45 ℃，工艺过程同阻焊油墨显影。

20. 烘干

将字符显影后的电子线路板用清水冲洗干净，放入烘干机中进行烘干固化。烘干温度设置为 150 ℃，烘干时间为 30 min。

 任务知识

电子线路板上呈现的绿色、棕色或者黄色是阻焊油墨的颜色，通常称其为阻焊层。阻焊层是印制电路的绝缘防护层，可以保护铜线，防止零件被焊到不正确的地方。另外，阻焊层还能起到提高线条间绝缘、防氧化和美观的作用。为了方便电路的安装和维修，通常在印刷板的表面印刷上元件标号和标称值、元件外廓形状、厂家标志、生产日期等标志图案及文字符号，这层文字符号层称为丝印层。阻焊层和丝印层如图 2 - 98 所示。

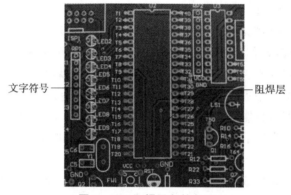

图 2 - 98　阻焊层和丝印层

电子线路板的阻焊层和丝印层是通过丝网印刷的方式将特殊印料（阻焊油墨和字符油墨）涂覆在电子线路板上，再经过显影曝光等工序将焊盘或者文字符号显示出来的。其制作工艺流程如图 2 - 99 所示。

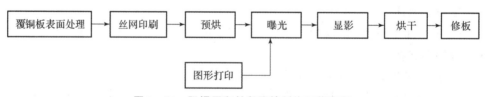

图 2 - 99　阻焊层和丝印层的制作工艺流程

2.3.1　电路板制造方法

电子线路板的制造方法主要有加成法、减成法。加成法是在没有覆铜箔的基板上采用某种方法敷设所需要的导电图形，采用加成法制造电子线路板可以避免大量蚀刻铜，降低了生产成本；减成法是在覆有铜箔的基板上使用机械方法或者化学方法除去不需要的铜箔，留下需要的电路图形的方法，减成法工艺成熟、稳定可靠，是目前普遍采用的电子线路板制造方法。实验室常用机械雕刻或化学腐蚀等减成法制作电子线路板。

1. 机械雕刻法制作电子线路板

使用机械方法进行雕刻制板分为手工雕刻制板和数控机床雕刻制板。在进行手工雕刻制板时，使用刻刀将不需要的覆铜直接剔除掉。这种方法制作电路板虽然简单，但有时会损伤绝缘基板，仅适合于应急情况下制作简单电路；数控机床雕刻制板是将 PCB 设计文件导入数控铣床（线路板雕刻机），利用数控铣床（线路板雕刻机）将不必要的铜箔铣去，自动完成雕刻、钻孔、切边等操作。数控机床雕刻制板工艺简单、自动化程度高，但是对于复杂程度较高的电路板制板速度较慢，不适合大批量生产。

2. 化学腐蚀法制作电子线路板

化学腐蚀制板虽然工艺相对复杂，但是制板速度较快、制作精度较高。电子线路板的结构不同，其化学腐蚀制板的工艺也各不相同，但其基本工艺流程都包含材料准备、图形转移、化学蚀刻、钻孔及过孔、涂覆阻焊剂和助焊剂、丝印层印制等过程。

1）单层电子线路板制作工艺流程

单层电子线路板结构比较简单，因此制作工艺流程也比较简单。图 2 - 100 所示为单层电子线路板的制作工艺流程。

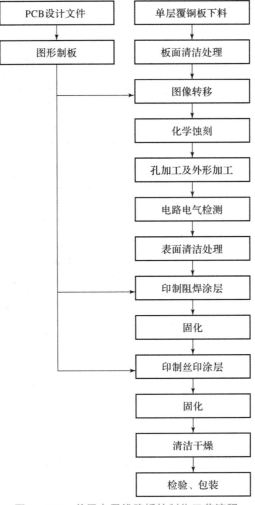

图 2 - 100　单层电子线路板的制作工艺流程

143

2）双层电子线路板制作工艺流程

双层电子线路板由于要实现上下两层电路的连接，因此比单层电子线路板工艺流程多了化学沉铜、全板电镀铜等几道工序。图2–101所示为双层电子线路板的制作工艺流程。

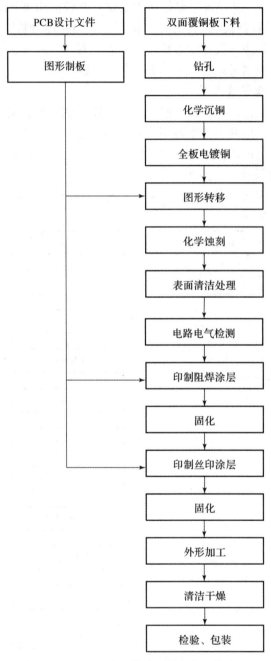

图2–101　双层电子线路板的制作工艺流程

（1）材料准备包含电子线路板基板裁剪、板面清洁处理和电路图形制板，即准备好尺寸合适的覆铜板及电路图底片。

（2）图形转移是将电路图底片上的PCB印制电路图形转移到覆铜板上。

（3）化学蚀刻是采用化学药品除去不需要的铜箔，留下组成图形的焊盘、印制导线。

（4）钻孔是对电路板上的焊盘孔、安装孔、定位孔进行机械加工，钻孔工序可在蚀刻前也可在蚀刻后进行。

（5）双层电子线路板的上下两层的导线或者焊盘在连通时需通过相应过孔进行连接，并需要对孔壁进行金属化，即把铜沉积在贯通两面导线或焊盘的孔壁上，使原来非金属的孔壁金属化，也称沉铜。通过全板电镀铜使沉铜后的铜膜加厚，防止化学铜氧化后被酸液腐蚀掉。

（6）涂覆阻焊剂的目的是把不需要焊接线路的部位用阻焊剂保护起来，避免焊接时出现桥接现象，确保焊接的准确性。而在焊盘上涂覆助焊剂则是为了提高可焊性。

（7）丝印层是将电路中元件符号、标号印制在电路板的相应位置，以便于电路安装。

2.3.2　图形转移方法

将设计好的线路图制作成底片后，必须将电路图底片上的图形转移到覆铜板上，将空白部分的覆铜去掉后方可形成所需要的电子线路板。因此，电子线路板的图形转移除了将底片上的图形转移到覆铜板上外，还要在所需保存的图形上形成一层抗腐蚀、抗电镀的掩膜图形。图形转移的方法很多，常用的有丝网漏印法和光化学法，实验室手工制作电子线路板时还可以采用热转印法进行图形转移。

1. 丝网漏印法

丝网漏印法与油印机印刷文字类似，就是在丝网上涂覆一层漆膜或胶膜，然后按技术要求将印制电路图制成镂空图形。漏印时，将覆铜板在丝印台底板上定位，抗腐蚀印料放到固定丝网的框内，用橡皮板刮压印料，使丝网与覆铜板直接接触，则在覆铜板上就形成由印料组成的图形，然后进行烘干、修板。

丝网漏印的丝网可以采用尼龙丝网、涤纶丝网或者金属丝网。网板制作方法有直接网板制作、间接网板制作和直间接网板制作。

1）直接网板制作

将感光乳胶直接均匀地涂覆在丝网上，烘干后盖上图形，再进行曝光，经显影、冲洗、干燥、修板后就成为丝网印刷的网板。使用感光胶制作网板时，通常感光胶涂布多少次，视印刷厚度而定，但是涂层太厚时可能会因厚薄不均而产生解像不良，同时图形边缘易出现锯齿现象。

2）间接网板制作

先将图形底片与感光膜紧密贴合在一起进行曝光、显影，然后将显影后的图形片基与丝网压合在一起，经干燥后去掉片基，就将图形板膜转移到丝网上了。间接法制作的网板精度比直接法制作的网板精度高，但是板膜容易伸缩，耐印性差。

3）直间接网板制作

先将图形底片与感光膜片粘贴好，然后对感光膜片进行图形曝光、显影，再把已有图形的感光膜片贴在丝网的网面上，待冷风干燥后剥离图形底片即制成丝印网板。采用直间接法制作的网板，图形线条光洁、膜层厚度均匀，但是膜层不牢、耐印力低，多用于样品及小批量生产。丝网漏印的图形精度取决于丝网的规格，即丝网目数，目数越大，则印制的图形精度越高。丝网漏印法操作简单、成本低，制成网板后可多次使用。当网板不用或图形损坏时，可以去掉网膜，回收丝网供再次制板使用。

2. 直接感光法

直接感光法属于光化学法之一，是将液态感光材料（感光胶）涂覆在覆铜板表面形成感光膜，然后进行图形曝光、显影、固膜、修板，其工艺流程如图 2-102 所示。

图 2-102 直接感光法工艺流程

（1）覆铜板表面处理。使用有机溶剂或者机械抛光的方法去除覆铜板表面上的油污和氧化膜，保证感光胶可以牢固地黏附在覆铜板上。

（2）涂感光胶。在覆铜板表面均匀地涂覆一层感光胶，并在一定温度下进行烘干。

（3）曝光。将图形底片覆盖在覆铜板的感光膜上进行曝光，使感光胶发生化学反应，印制导线图形部分的感光胶形成不溶于稀碱溶液的结构。

（4）显影。将曝光后的覆铜板在显影液中进行显影，使印制导线图形显现出来，而未感光部分的胶膜则溶解、脱落。

（5）固膜。将显影后的覆铜板浸入固膜液中一段时间，然后用水清洗后进行烘干，使感光膜得到强化，避免在后续工作中脱落。

（6）修板。对固膜后图形上的毛刺、断线、砂眼、粘连等缺陷进行修补。

3. 光敏干膜法

光敏干膜法也属于光化学法，但是感光材料不是感光胶，而是由聚酯薄膜、感光胶膜和聚乙烯薄膜三层材料组成的薄膜类光敏干膜。使用时揭掉外层的保护膜，使用贴膜机把感光胶膜贴在覆铜板上，其工艺过程和直接感光法相同。

4. 热转印法

热转印法是先将印制图形打印在热转印纸上，然后使用热转印机通过热压的方式将热转印纸上的图形转印到覆铜板上，利用激光打印机墨粉的防腐蚀特性在覆铜板上形成耐腐蚀的印制图形。其工艺流程如图 2-103 所示。

图 2-103 热转印法工艺流程

（1）覆铜板表面处理。将覆铜板表面清洁干净，去掉油渍、污渍和毛边。

（2）打印图形。用激光打印机将图形打印在热转印纸的光滑面上。

（3）贴图。在覆铜板上固定好已打印图形的热转印纸。如果做双层板，一定要在电路图上制作对位孔，在固定转印纸时要进行严格的对位。

（4）图形转移。将已贴好热转印纸的覆铜板送入热转印机，经热转印机加温、加压后送出覆铜板，融化的墨粉就会吸附在覆铜板上，待温度下降后，揭下热转印纸。

（5）修板。使用油性记号笔修补图形的断线、砂眼等缺陷。

2.3.3   热转印法手工制作单层电子线路板基本流程

热转印法制作电路板方法简单、速度快，是实验室科研或小量生产制作印刷电路板的常用方法。热转印法制作单层电子线路板的工艺流程如图 2 – 104 所示。

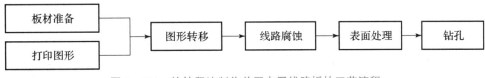

图 2 – 104   热转印法制作单层电子线路板的工艺流程

1. 板材准备

板材准备包括电子线路板的基板下料和板面清洁。

1）基板下料

基板下料就是根据设计的电子线路板的尺寸将大面积的覆铜板裁剪成合适的大小，也称开料。开料时，要在基板四周预留 1 cm 左右余边，以便后续工序的加工。在工厂生产中，基板裁剪通常采用裁板机、电动锯等设备实现，在实验室可以使用手动裁板机进行裁剪。

2）板面清洁

由于原覆铜板的表面存在油污和氧化层保护膜，因此必须对覆铜板表面进行清洁处理，保证电路图形能够清晰地印制在上面。板面清洁时可以将覆铜板放置在 5% 的盐酸溶液或者 3% 的硫酸溶液中进行酸洗，至板面呈红色取出，用铜丝抛光轮或者铜丝刷去除表面油污和氧化层即可。在实验室制作电路板时可以使用自动抛光机进行板面抛光处理，没有条件时也可以使用水磨砂纸打磨基板表面，再用水冲洗，最后用干净布擦拭干净。

2. 打印图形

使用激光打印机将设计好的 PCB 图形打印在热转印纸的光滑面上。热转印纸刚打印出来时，碳粉尚未冷却固定，从打印机上取出热转印纸时不要碰触图形的任何部位的碳粉，以免电路图受到损伤，还要注意不要折叠热转印纸，以免折断线路。

3. 图形转移

将打印在热转印纸上的印制线路图转印到覆铜板上。

1）贴图

即在覆铜板上将热转印纸固定好。首先使用剪刀裁剪热转印纸到适合覆铜板的大小，然后将有图形的一面朝向覆铜板放好，用高温纸胶将热转印纸的一边固定好，如图 2 – 105 所示。

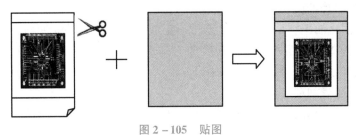

图 2 – 105   贴图

2）图形转印

将热转印机设置好温度，待热转印机预热达到设定温度后，将已贴好热转印纸的覆铜板从贴有纸胶的一侧送入热转印机，利用热转印机所产生的高温使热转印纸上的墨粉融化并粘贴在覆铜板上，如图 2-106 所示。为了提高转印效果，一般转印过程可重复 2~3 次。转印完成后，待覆铜板温度下降后揭下热转印纸，对覆铜板上的线路进行检查，如发现有断线、砂眼等缺陷，可使用油性记号笔进行修补。

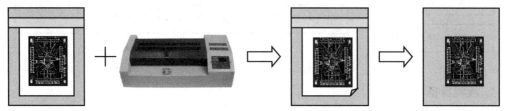

图 2-106　图形转印

4. 线路腐蚀

将覆铜板放入腐蚀液中腐蚀，电路腐蚀后立即将覆铜板从腐蚀液中取出，用水冲洗干净。

5. 表面处理

使用水磨砂纸打磨掉或者用有机溶剂清洗覆铜板线路上的保护层（墨粉）。

6. 钻孔

钻孔操作分为自动钻孔和手工钻孔，自动钻孔需使用数控钻床或者激光钻孔机，通常应用在电子线路板自动生产线上；手工钻孔一般使用小型钻孔机或台钻。

2.3.4　丝网印刷准备

电子线路板的阻焊层和丝印层制作过程中丝网印刷的目的是将阻焊油墨和字符油墨涂覆在电子线路板上，从而形成一层感光膜。

1. 阻焊油墨

阻焊油墨主要由树脂、色粉、无机/有机填充剂、感光功能粉剂、添加剂等组成。阻焊油墨根据固化的方式不同，分为液态感光型、光固化型和热固化型。

1）液态感光型阻焊油墨

液态感光型阻焊油墨目前使用较多，主要由感光性树脂和热固性树脂双组分体系组成一个互穿聚合物网状结构，兼有光固性和热固性两方面特性。其印料光泽饱满、色彩漂亮、附着力好、成膜致密性好，耐热性、电绝缘性和耐化学性能优良。

2）光固化型阻焊油墨

又称紫外光固化油墨（UV 油墨），通过一定波长范围的紫外光照射，使油墨成膜和干燥。紫外光固化油墨不用溶剂，干燥速度快，耐水、耐溶剂，耐磨性好，网板不易糊板，网点清晰，墨色鲜艳光亮，利于自动化生产。

3）热固化型阻焊油墨

热固化型阻焊油墨分为单组分和双组分两种。单组分热固化型阻焊油墨固化温度高，而且固化时间长，不利于自动化连续生产，同时会增大板材的翘曲，加之储存期短，目前使用不多。双组分热固化型阻焊油墨种类较多，有多种颜色，在使用前要将阻焊油墨与固化剂混合并搅拌均匀，静置 30 min 后即可使用。

2. 字符油墨

字符油墨分为热固化型、光固化型，另外，白色亮光油漆、白线划线油漆、白厚漆、阻焊印料等都可作为字符印料。

3. 丝网印刷机

在工厂中通常采用工作效率高、丝印质量可靠的自动丝网印刷机进行生产，在实验室则可以采用手动丝网印刷机进行丝印。

1）丝网

目前常用的有尼龙丝网、聚酯丝网和金属丝网。金属丝网尺寸稳定性极好，耐磨性好，耐热、耐化学腐蚀性好，丝径细，油墨的通过性能好，但是价格贵、成本高，适合于高精密度线路板以及表面安装印制板的印刷。尼龙丝网强度高，耐磨、耐腐蚀、耐水，弹性比较好，油墨的通过性也较好。其不足是由于拉伸性大且绷网后一段时间内张力降低，网板松弛，不适于印尺寸精度高的产品。聚酯丝网耐高温、物理性能稳定、拉伸性小、弹性强、吸湿性低，几乎不受湿度影响，耐溶剂、耐酸性强，价格便宜，是目前比较好的网材。

2）刮刀

刮刀一般为聚胺酯橡胶或氟化橡胶材料。刮刀的作用是通过一定的压力、一定的速度和角度使油墨均匀地透过丝网，印制到覆铜板上。丝印过程中，刮板压力过大容易使丝网发生变形，印刷后的图形与丝网的图形不一致，也加剧刮刀和丝网的磨损，刮板压力过小会在印刷后的丝网上残留过多油墨；刮刀速度越高，刮刀带动油墨进入丝网漏孔的时间越短，填充性会越差，如果在印刷过程中速度出现波动，会导致图形厚度的不一致；丝印时，刮刀与丝网的接触面应是一条直线，刮刀与丝网之间的角度以 45°为宜，夹角过大和过小都会使接触面加宽，印刷后丝网表面会有残余浆料，易发生渗漏，印刷线条边缘模糊。

2.3.5　电子线路板制作过程

1. 预烘

预烘即热固化，主要目的是去除油墨内的溶剂，使油墨部分硬化，避免曝光时粘住底片。预烘的温度和时间应根据油墨类型、单双面电子线路板、涂层厚度等因素设定。预烘温度过高和时间过长，会造成显影不良；预烘温度过低和时间过短会使油墨的表面硬度不够，曝光会粘底片，显影后表面会受到显影碳酸钠的侵蚀，导致侧蚀或者涂膜剥离。预烘可采用烘干机进行，常用的有红外热风烘干机和普通烘干机。

2. 图形打印

制作阻焊层和丝印层时，需打印阻焊层（顶层阻焊层、底层阻焊层）和丝印层，即通过计算机将阻焊层和丝印层打印在透明胶片（菲林片）上。

3. 曝光

曝光是将菲林片上的图形转印到基板上，通过曝光机使感光油墨印料接收紫外光照射后发生交联聚合反应，受光照部分成膜硬化而不被显影液所影响。电子线路板上被菲林片挡住的未曝光胶膜显影时去除，已曝光的胶膜显影后会被留存。

一般曝光机都采用紫外光源，由于光的强度大、分辨率高，可以缩短曝光时间，使菲林片受热产生变形的程度也减小。曝光时间是影响曝光成像的重要因素。当曝光不足时，显影易出现针孔、发毛、脱落等缺陷，从而导致抗蚀性和抗电镀性下降，胶膜易受到侵蚀，产生侧蚀；曝光过度时，易形成散光折射，线宽减小，显影困难。

4. 显影

显影的目的是将曝光后的图形显现出来，即去掉（溶解掉）未感光的非图形部分胶膜，留下已感光硬化的图形部分。显影一般采用显影机进行，显影效果由显影液的浓度、温度及显影时间、喷淋压力等因素决定。显影液浓度太高或太低，不一定能显影得干净，还可能导致胶膜呈膨胀状态；显影液温度太高，胶膜易被侵蚀，失去光泽；显影时间太长，会造成胶膜质量、硬度和耐化学腐蚀性降低；显影液的喷淋压力过低，不易显影干净，电子线路板孔内会残留余胶。

5. 烘干

显影后再对电子线路板进行烘烤，使胶膜完全硬化交联。

6. 修板

烘干后可以进行检查修板，修补图形线路上的缺陷部分。一般原则是先刮后补，先去除多余的毛刺、胶点等，再使用耐酸油墨、虫胶等修补板上的针孔、缺口、断线等。

7. 阻焊层和丝印层质量检验

阻焊层和丝印层烘干固化后，可以用胶带横贴于阻焊层、丝印层上，压紧，停留约 10 s，然后垂直拉起，观察胶带上是否有残胶碎片；或者用白布沾丙酮液，在阻焊层、丝印层上擦拭 1 min，白布上不应有油墨溶解物。

如果胶带上或者白布上有残留物，表明油墨固化不完全，可以将板子重新烘干固化，冷却后再进行测试。若反复烘干固化后，测试仍不通过，表明油墨搅拌时固化剂所加比例不够，这时必须全板去除阻焊层或者丝印层，重新返工。

项 目 练 习

1. 绘制如图 2 - 107 所示的电路原理图。

新建 PCB 项目文件 "LX1. PcbPrj" 和原理图文件 "LX1. SchDoc"。根据图 2 - 107 所示内容设计当前原理图文件，其中 U2 是自制元件，采用自动标注的方法对电路原理图进行流水号标注，生成 ERC 报表、网络表 NET 和元器件材料清单。在此项目中新建元件封装库文件 "LX1. PcbLib"，绘制 U2 的元器件封装形式。焊盘尺寸：外径为 60 mil，内径为 30 mil，两焊盘间距为 120 mil，该元器件的长为 300 mil，宽为 360 mil，元器件封装名为 "KAI"。

新建电路板文件 "LX1. PcbDoc"，采用向导生成单层电路板，板卡尺寸长为 5 000 mil，宽为 4 000 mil；将其 Inner Cutoff（内部位置开口）去掉，采用插针式元件，元器件焊盘间允许走两条导线；过孔的类型为通孔；铜膜线走线的最小宽度为 10 mil，电源地线的铜膜导线宽度为 50 mil；人工布置元件；自动布线（所有导线都布置在底层上）；添加 GND 电源和 VCC 电源；进行 DRC 检测。

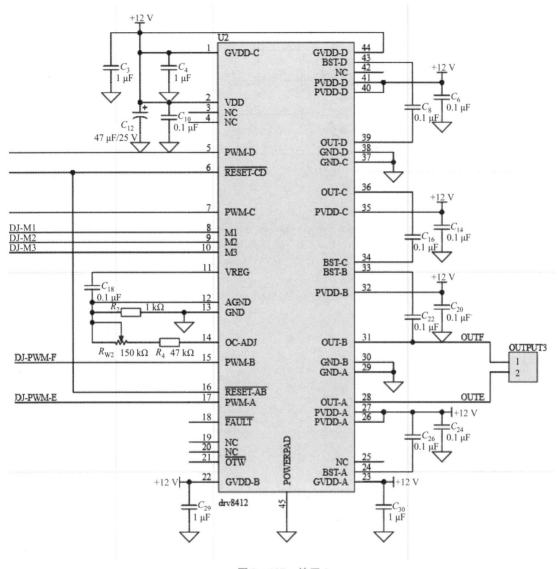

图 2 −107　练习 1

2. 绘制如图 2 −108 所示的原理图文件及其电路板文件。

新建 PCB 项目文件"LX2. PcbPrj",在此项目中绘制如图 2 − 108 所示的原理图文件"LX2. SchDoc",原理图自制元件名称为 U3,长为 5 个栅格大小,宽为 9 个栅格大小。焊盘尺寸:外径为 60 mil,内径为 30 mil;两焊盘间距为 120 mil;元件长为 150 mil,宽为 270 mil。建立电路板文件"LX2. PcbDoc"。要求该印制电路板为双层板;电路板长为 3 000 mil,宽为 2 500 mil;铜膜线导线最小宽度为 10 mil,电源地线的铜膜导线宽度为 20 mil;添加 VCC 和 GND 电源;人工布置元件;自动布线(所有导线都布置在底层上);进行 DRC 检测。

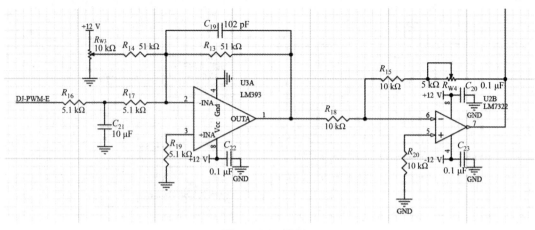

图 2 – 108　练习 2

项目3

信号发生器电路板设计与制作

本项目以信号发生器产品为载体，介绍使用 AD 软件绘制层次原理图、设计双层印制电路板、使用感光板法手工制作双层电路板的操作方法，具体内容包括绘制层次原理图的主图、绘制层次原理图的子图、制作双层印制电路板等知识和技巧。通过本项目的学习，学生掌握根据实际要求设计并制作出符合电路功能和印制电路板工艺要求的双层印制电路板，进一步详细掌握双层印制电路板的设计方法与制作流程。

项目目标

能正确新建层次原理图中的主图和子图文件；能正确放置层次原理图中的端口符号并设置其电气特性；能正确根据项目编译的信息提示修改层次原理图；能正确设计双层电路板的板层和工作参数；能应用电路板布局的常用原则正确进行电路板布局；能根据要求正确设置布线规则；能正确地将自动布线和手动布线操作方法结合在一起对印制电路板进行布线；能正确生成层次原理图相关的常用报表文件；能正确应用感光板法制作双层电路板。

项目描述

本项目设计具体要求是：使用 AD 软件新建项目文件"信号发生器 . PrjPcb"、原理图文件"层次原理图 . SchDoc""子图 . SchDoc"、原理图元件库文件"自制元件库 . SchDoc"、电路板文件"双层电路板 . PcbDoc"、自制封装库文件"自制封装库 . PcbLib"，双层电路板外形尺寸为 10 000 mil × 8 000 mil。使用感光板法制作双层印制电路板。制作完成的多功能信号发生器双层电路板如图 3 – 1 所示。

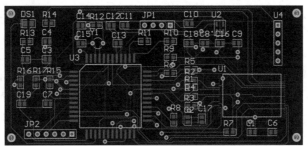

图 3 – 1　制作完成的多功能信号发生器双层电路板

项目分析

信号发生器又称信号源、振荡器，主要为被测电路提供输入信号，用其他仪表测量实际需求的波形参数。函数信号发生器在通信、广播、电视系统中，把音频、视频信号或脉冲信号运载出去，这里的射频波就是载波，需要能够产生高频的振荡器。因为各种波形曲线均可以用三角函数方程式来表示，这样的电路称为函数信号发生器。本项目中的信号发生器采用电压比较器和积分电路，实现三角波、方波、脉冲波和锯齿波之间的相互转换。使用 AD 软件进行层次原理图绘制和双层电路板设计，使用感光板法制作双层电路板。

任务 3.1　绘制信号发生器原理图

新建项目文件"信号发生器 . PrjPcb"、原理图文件"层次原理图 . SchDoc""子图 . SchDoc"、原理图元件库文件"自制元件库 . SchDoc"。在相应文件中进行工作环境设置、加载元器件库、放置对象、设置对象属性、调整对象布局、连接线路、编译层次原理图文件、生成网络表文件等操作，以实现信号发生器原理图的功能。

任务 3.2　设计信号发生器电路板

在当前项目文件中新建电路板文件"双层板 . PcbDoc"、自制封装库文件"自制封装库 . PcbLib"，在此文件中进行设置双层板外形和工作层，用原理图更新 PCB 文件、设置布线规则、元件布局与布线、设计规则检查、生成相关报表文件等操作，以实现信号发生器的电路板设计。

任务 3.3　制作信号发生器电路板

按照感光板法的操作流程，根据任务 3.2 的电路板工作层文件，制作符合项目要求的信号发生器的双层电路板。

项目实施

任务 3.1　绘制信号发生器原理图

任务描述

本任务要求设计项目文件"信号发生器 . PrjPcb"、原理图文件"层次原理图 . SchDoc""子图 . SchDoc"、原理图元件库文件"自制元件库 . SchDoc"，根据图 3 - 2、图 3 - 3、图 3 - 4 所示原理图绘制层次原理图、子图文件、自制元件。具体的绘制要求是：应用公制单位；图纸大小为 A3；图纸方向设为横向放置；图纸底色设为白色；标题栏设为 Standard 形式；栅格形式设为线状的且颜色为默认，边框颜色设为默认着色；使用层次原理图绘制；根据实际元件选择合适的原理图元件封装；进行层次原理图编译并修改，保证层次原理图正确；生成层次原理图元器件清单和网络表文件。

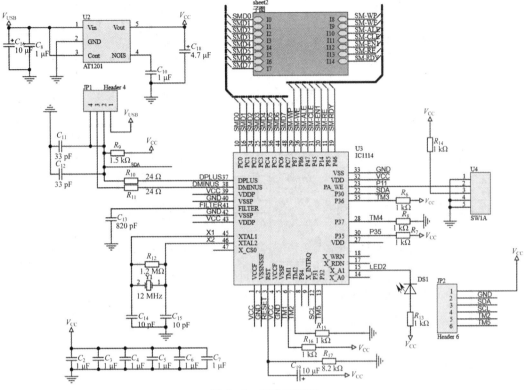

图 3 - 2   层次原理图

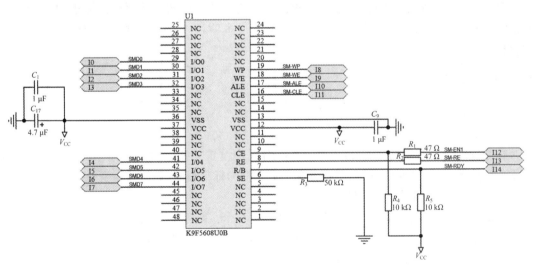

图 3 - 3   子图

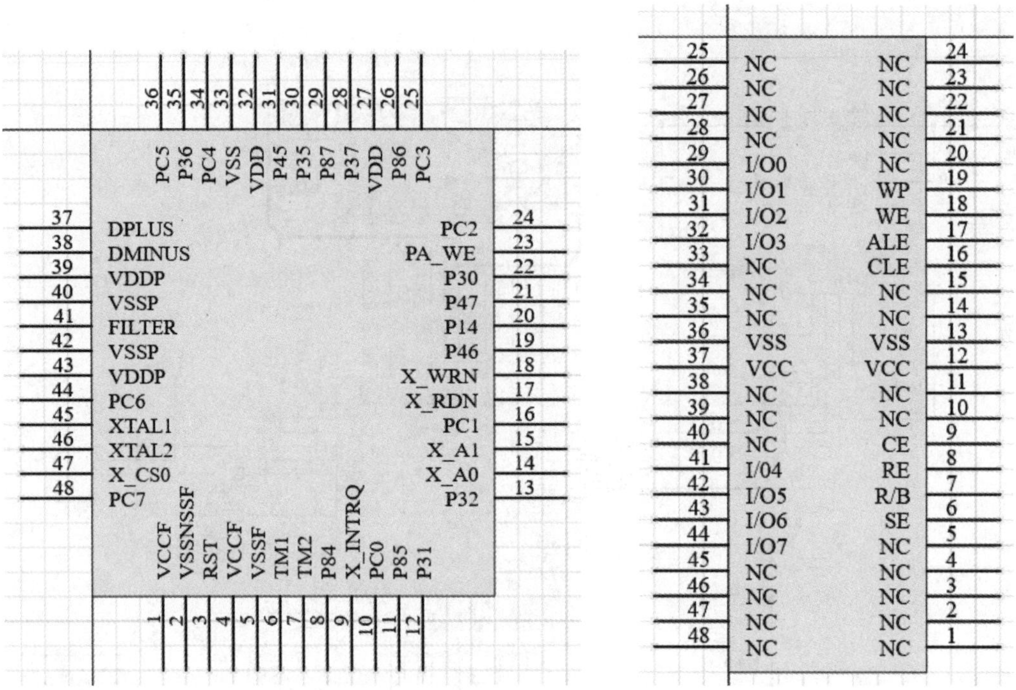

图 3 - 4　自制元件 IC1114、K9F5608U0B

任务目标

使用 AD 软件绘制信号发生器的层次原理图，为下一个任务做好准备。通过完成本任务，学生掌握根据要求绘制层次原理图的操作方法，进一步熟练掌握根据原理图编译的提示信息来修改原理图中错误的操作方法，从而实现本项目中有关绘制层次原理图部分的能力目标。

任务实施

（1）启动 AD 软件。

（2）设置原理图工作环境。

在原理图窗口右侧的"Properties"属性面板中设置"Page Options"选项，按图 2 - 4 所示内容设置自定义图纸、横向图纸方向、标题栏为标准模式。

（3）新建项目和原理图文件。

单击"文件"菜单，选择"新的"→"项目"命令，新建项目文件"信号发生器. PrjPcb"。单击"文件"菜单，选择"新的"→"原理图"命令，新建主图文件"层次原理图. SchDoc"。

（4）设置原理图工作环境和图纸选项。

单击"工具"菜单，选择"原理图优先项"命令，在弹出的"优选项"对话框中单击"Grids"标签，设置"栅格"选项为"Line Grid"。在右侧的"Properties"面板中，设置图纸边框为深绿、图纸尺寸为 A3、标题栏为"Standard"。

（5）新建原理图元件库文件"自制元件库. SchDoc"。

单击窗口左侧的"SCH Library"面板，自动新建自制元件"Component - 1"。单击面板右下角的"编辑"选项，单击面板"General"选项区中的"Properties"选项组，在"Design Item ID"选项右侧文本框中输入当前元件新名称"IC1114"。按照图 3 - 4 所示绘制自制元件"IC1114""K9F5608U0B"外形并添加引脚。

（6）绘制"层次原理图. SchDoc"。

①绘制页面符"子图"。

单击"放置"菜单，选择"页面符"命令，光标变为十字形，并上方浮动一个方块电路。移动光标到指定位置，单击确定方块电路的一个顶点；然后拖动光标，在合适位置再次单击确定方块电路的另一个顶点。双击此符号，按照图 3 - 2 中所示选项内容设计此页面符属性。

②绘制图纸入口。

单击"放置"菜单，选择"添加图纸入口"命令，光标变为十字形且上方浮动一个图纸入口符号，按图 3 - 2 所示，在当前页面符的内部合适处单击，即确定图纸入口位置，右击退出放置图纸入口状态。双击此图纸入口符号，按图 3 - 2 所示在右侧"Properties"面板中设置"Sheet Entry"图纸入口属性内容。

③绘制主图文件。

按图 3 - 5 所示，绘制图纸中其余对象并连接文件中各端口和元件对象。

（7）生成子图文件"子图. SchDoc"并绘制。

在主图文件"层次原理图. SchDoc"中，单击"设计"菜单，选择"由页面符生成图纸"命令，此时光标下方出现十字形，移动光标并在页面符"子图"上方单击，自动新建以页面符名称为子图名称的原理图文件，即子图文件"子图. SchDoc"。按图 3 - 6 所示内容绘制子图文件中内容。

图 3 - 5　"Sheet Entry"属性面板

图 3 - 6　子图文件内容

（8）编译层次原理图。

单击"工程"菜单，选择"Compile PCB Project 信号发生器"命令，系统即会执行编译当前项目中所有原理图操作。若没有违反编译规则，则不会弹出"Message"面板。

（9）生成原理图报表与库文件。

单击"设计"菜单，选择"文件的网络表"→"Protel"命令。双击左侧"Projects"面板"Netlist files"文件夹中的"层次原理图 . NET"文件名，网络表文件部分内容如图 3 - 6 所示。

单击"报告"菜单，选择"Bill of Materials"命令，生成原理图清单报表文件"信号发生器 . xlsx"。

单击"设计"菜单，选择"生成集成库"命令，则集成库文件当前窗口如图 3 - 7 所示。此库文件扩展名为" . IntLib"且存放在"Compiled Libraries"目录中，其中包括了当前原理图中所有元件符号信息、元件封装信息、元件仿真模型信息等内容。

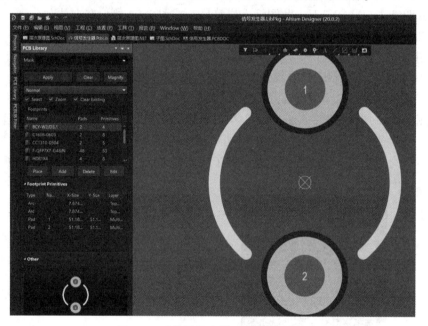

图 3 - 7 "信号发生器 . IntLib"文件

任务知识

层次原理图的设计方法是一种模块化的设计方法，即将复杂的原理图划分为多个功能模块，再将每个功能模块的原理图电路进行细分。如果系统需要还可以再向下一级细分，这样一层一层细分下去就构成了树状的层次结构，即层次原理图。这种层次原理图的设计方法将电路图模块化，大大提高了设计效率。

设计层次原理图时，可以从顶层主图开始、逐级向下细分，即自上而下的层次原理图设计方法；也可以从底层的基本模块开始设计、逐级向上进行总结，即自下而上的层次原理图设计方法；还可以调用相同的原理图以重复使用，即实现通道的层次原理图设计方法。

3.1.1 放置页面符、图纸入口

层次原理图的设计过程主要包括放置页面符、放置图纸入口、绘制子原理图和生成子原理图等步骤。子原理图绘制的方法与之前的绘制原理图方法一致，生成子原理图方法有两种，分别是自上而下和自下而上的设计方法。

1. 放置页面符

单击"放置"菜单，选择"页面符"命令；或单击"布线"工具栏中的"放置页面符"图标 ▨，此时光标变为十字形，并上方浮动一个方块电路。移动光标到指定位置，单击确定方块电路的一个顶点；接着拖动光标，在合适位置再次单击确定方块电路的另一个顶点，如图3-8所示。此时仍处于放置"页面符"状态，用同样的方法也可以快速放置其余页面符。双击绘制完成的页面符，窗口右侧弹出"Properties"属性面板，在其中设置"Sheet Symbol"选项，如图3-9所示。"Sheet Symbol"选项主要内容如下。

（1）"Designator"：设置页面符的名称。

（2）"File Name"：显示该页面符所代表的下层原理图的文件名。

（3）"Bus Text Style"：设置线束连接器中文本显示类型。单击后面的下三角按钮，有两个选项供选择，分别为"Full""Prefix"。

（4）"Line Style"：设置页面符边框的宽度，包括"Smallest"极小的、"Small"小的、"Medium"中等的、"Large"大的。

图3-8 "页面符"菜单命令   图3-9 "Properties"属性面板

2. 放置图纸入口

单击"放置"菜单，选择"添加图纸入口"命令；或单击"布线"工具栏中的"放置图纸入口"图标 ▨，都可以放置方块电路图的图纸入口。此时光标变为十字形，在"页面符"的内部单击，光标上浮动一个图纸入口符号，移动光标到指定位置，单击放置一个入

口，如图 3 – 10 所示。此时仍处于"放置图纸入口"状态，用同样的方法也可以快速放置其余图纸入口，右击退出放置图纸入口状态。

双击放置的图纸入口符号，右侧弹出"Properties"属性面板，在其中设置"Sheet Entry"选项，如图 3 – 11 所示。在此面板中可以设置图纸入口的属性。

（1）"Name"：设置图纸入口名称，相同名称的图纸入口在电气上是连通的。

（2）"I/O Type"：设置图纸入口的电气特性，包括"Unspecified"，未指明或不确定；"Output"，输出；"Input"，输入；"Bidirectional"，双向型。

（3）"Harness Type"：设置线束的类型。

（4）"Font"：设置端口名称的字体类型、字体大小、字体颜色。同时设置字体添加、加粗、斜体、下划线、横线等效果。

（5）"Kind"：设置图纸入口的箭头类型，包括 4 个选项。

（6）"Border Color"：设置端口边界的颜色。

（7）"Fill Color"：设置端口内填充颜色。

图 3 – 10　放置图纸入口　　　图 3 – 11　"Sheet Entry"属性面板

3.1.2　生成子图文件

1. 从页面符创建图纸

单击"设计"菜单，选择"从页面符创建图纸"命令，此时光标下方出现十字形，移动光标并在需要生成子图的页面符上方单击。在当前项目中，会自动新建以页面符名称为子图名称的原理图文件，即子图文件。用相同的方法将主图中的其他页面符转换成子图文件，"Projects"属性面板如图 3 – 12 所示。

2. 从图纸创建页面符

在当前项目中新建一个原理图文件作为主图文件，再新建多个子图文件。先绘制子图文件原理图，在子图文件中单击"放置"菜单，选择"端口"命令；或单击"布线"工具栏图标■；根据实际要求设置端口名称、输入/输出端口类型、端口字体格式、边界格式、填充颜色等属性。用同样的方法在其余子图文件中放置好端口。

在主图文件中，单击"设计"菜单，选择"Creat Sheet Symbol From Sheet"命令，弹出如图 3-13 所示"Choose Document to Place"对话框，选择其中一个子图文件名后单击"OK"按钮，即可在当前主图文件中出现一个页面符，此页面符以子图文件名命名。用同样操作方法，可将其余子图文件转换为页面符并放置在主图文件中。

图 3-12　"Projects"属性面板　　　　图 3-13　"Choose Document to Place"对话框

3. 层次原理图间切换

若层次原理图的张数较多，经常需要在各个子图与主图之间进行切换。对于简单的层次原理图，直接双击 Projects 面板中相应文件的图标即可切换到对应的原理图中。而对于层次较多的层次原理图，就需要使用命令进行切换。

1）由主图切换至子图

在主图文件中，单击"工具"菜单→"上下层次"命令；或单击原理图标准工具栏中图标■，此时光标变为十字形，在主图中任意一个页面符号上单击，即可切换到相应的子图文件中，右击结束切换状态。

2）由子图切换至主图

在子图文件中，单击"工具"菜单→"上下层次"命令；或单击原理图标准工具栏中图标■，此时光标变为十字形，在子图中任意一个端口符号上单击，即可切换到相应的主图文件中，右击结束切换状态。

任务 3.2　设计信号发生器电路板

任务描述

在当前项目中，新建"双层板.PcbDoc"文件、"自制封装库.PcbLib"文件，并根据图 3-14 所示设计电路板文件。具体的设计要求是：应用公制单位设计，使用双层电路板，电路板外形尺寸为 10 000 mil×8 000 mil；U3 使用如图 3-15 所示的自制封装 CC，其余元件都使用系统封装；根据电子元件布局工艺进行自动布局和手工布局；设计自动布线规则（电源和地线网络宽度是 25 mil，其余网络线宽是 10 mil，优先布置接地和电源网络走线，安全距离自行设置），进行自动布线并配合手工调整；进行补泪滴设置；设计规则检查无误；生成光绘文件。

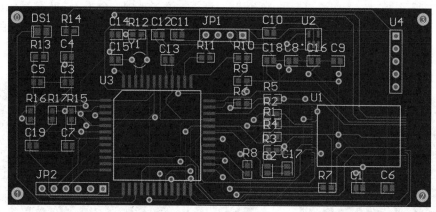

图 3 – 14 双层电路板

任务目标

使用 AD 软件设计信号发生器的双层电路板文件，为制作双层电路板提供元件报表和光绘文件。通过完成本任务，学生掌握根据要求在绘制完成的电路原理图基础上设计双层电路板的操作方法，实现本项目中有关电路板设计部分的能力目标。

任务实施

图 3 – 15　自制封装 CC

1. 新建双层电路板文件

（1）新建 PCB 文件。

在项目 2 PCB 项目文件"稳压电源. PrjPcb"中新建并保存 PCB 文件"双层板. PcbDoc"。

（2）设置电路板文件工作环境参数。

单击"工具"菜单并选择"优先选项"命令，在弹出的"优选项"对话框中设置当前印制电路板文件的环境参数。

（3）设计印制电路板文件的工作层。

单击"设计"菜单并选择"层叠管理器"命令，在弹出的"双层板. PcbDoc［Stackup］"层叠文件中设置当前印制电路板层数。系统默认的设置为双层板，印制电路板工作层后包括十个板层，分别是"Top Overlay"顶层丝印层；"Top Solder"顶层锡膏防护层；"Top Layer"顶层；"Bottom Layer"底层；"Bottom Solder"底层锡膏防护层；"Bottom Overlay"底层丝印层；"Top Paste"顶层助焊层；"Bottom Paste"底层助焊层；"Keep – Out Layer"禁止布线层；"Multi – Layer"多层。

2. 规划印制电路板的基本外形

（1）单击"编辑"菜单，选择"原点"→"设置"命令，确定当前电路板左下角任意一点为当前电路板文件的原点。单击"设计"菜单，选择"板子形状"→"定义板切割"命令，光标变为十字形，在当前电路板文件工作区中绘制尺寸为 10 000 mil × 8 000 mil 的矩形区域，保存当前电路板文件。

（2）绘制电路板电气边界。单击"Keep - Out Layer"工作层标签，单击"放置"菜单，选择"Keep out"→"线径"命令，此时光标变为十字形，在当前电路板工作区中绘制矩形电气边界。电气边界四个顶点的坐标值分别是（0 mil，0 mil）、（0 mil，10 000 mil）、（10 000 mil，8 000 mil）、（8 000 mil，0 mil）。

（3）绘制安装孔。单击"放置"菜单，选择"Keep out"→"圆弧（中心）"命令，光标变为粉色方块点，绘制电路板文件左下角的安装孔，其中心点坐标为（150 mil，150 mil），半径为"100 mil"。选中这个左下角的安装孔，单击图标■，再单击图标■，分别以（150 mil，9 750 mil）、（9 750 mil，6 850 mil）、（9 750 mil，150 mil）这三个坐标值为中心点粘贴到指定位置，成为右下角、右上角和左上角的安装孔。

3. 新建自制封装库文件"自制封装 . PcbLib"并绘制元件封装

在"Projects"面板中的当前项目文件上右击，从弹出的快捷菜单中选择"添加新的... 到工程"→"PCB Library"命令。此时，在当前项目文件中新建了一个电路板封装库文件"PcbLib1. PcbLib"。光标指向这个新建的文件，右击并从弹出的快捷菜单中选择"保存"命令，在弹出的保存文件对话框中输入"自制封装库"，单击"OK"按钮。自制元件绘制过程如下：

（1）新建一个元件封装。

双击"自制封装 . PcbLib"，在"元件封装库"面板中双击系统自动新建的元件封装名称，在弹出的"PCB 库封装"对话框"名称"中输入"CC"，单击"OK"按钮。

（2）设置元件封装参考点。

单击"编辑"菜单，选择"设置参考点"→"位置"命令，光标变为十字形，在工作区中任意点处单击，此点被设置为当前元件封装的参考点。

（3）放置焊盘1。

单击"Multilayer"工作层标签→"放置"菜单→"焊盘"命令，光标变为十字形且有焊盘随光标一同移动。在元件封装参考点处单击，即在此放置了一个焊盘。双击这个焊盘，弹出如图 3 - 16 所示"Pad"属性面板，在此设置当前焊盘的属性。此时仍处于放置焊盘状态，按图3 - 17所示，可以连续放置多个焊盘。每个元件封装中的焊盘序号要与原理图中应用这个元件封装的元件符号的引脚编号一致，否则在之后的操作中会出现错误信息。

图 3 - 16　"Pad"属性面板

（4）放置其余焊盘。

用同样的方法，按图 3 - 18 所示放置自制封装 CC 的其余焊盘。

（5）绘制元件封装外形。

单击"Top Overlay"工作层标签，单击"PCB Lib"工具栏中的图标◢，箭头光标下方出现十字形。按图 3 - 19 所示位置绘制第一条外形线，再用上面的操作方法按图 3 - 20 所示绘制其余四条线形。

图 3 - 17　自制封装 CC 部分焊盘序号

图 3 - 18　其余焊盘"Pad"属性面板

图 3 - 19　"Track"属性面板

图 3 - 20　CC 其余线条的"Track"属性面板

（6）保存元件封装。

单击常用工具栏中图标█，保存当前制作的元件封装库文件。在绘制元件封装时，注意每个元件封装名称要与原理图中对应元件中添加的元件封装名称一致。

4. 编辑双层电路板文件

（1）导入工程变化订单。

在"双层板.PcbDoc"PCB 文件中，选择"设计"菜单→"Import Changes Form 信号

发生器 . PrjPcb"，弹出"工程变更指令"对话框。

（2）单击此对话框中的 验证变更 按钮使工程变更指令生效。

当前对话框如图 3 – 21 所示，此时对话框中"检测"状态栏中有一个错误信息，是"元件 U3 的封装没有找到"。

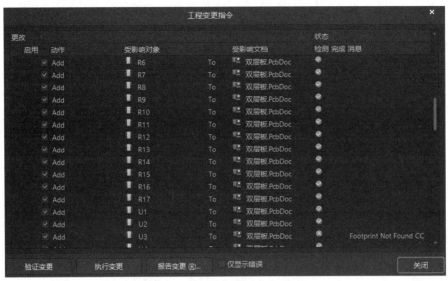

图 3 – 21　"工程变更指令"对话框

（3）切换到原理图编辑环境。

双击元件"U3"，在弹出的对话框中找到"Footprint"选项，单击 Add 按钮进行添加自制封装"CC"。

（4）保存原理图。

重新编译当前项目文件，重新导入工程变更指令，此时无错误提示信息。单击"工程变更指令"对话框中的 执行变更 按钮，执行工程变更指令，如图 3 – 22 所示。当前对话框中"检测"状态栏中的"完成"选项一列图标如果都是■，说明当前指令执行结果无误。

图 3 – 22　执行变化后的"工程变更指令"对话框

（5）回到"工程变更指令"对话框。

单击"关闭"按钮。将当前电路板文件缩小到适合的比例后，此时从当前原理图文件导入的元件、网络和相关信息出现在电路板右侧。

5. 元件布局

删除 Room 房间，根据元件封装位置和飞线的指标，调整各个元件封装的方向，尽量使飞线连线简单；再调整与元件封装对应的元件组件的位置和方向。元件布局后的电路板如图 3-23 所示。

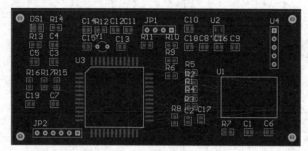

图 3-23 元件布局后的电路板

6. 设置 PCB 设计规则

单击"设计"菜单并选择"规则"命令，在弹出的"设置电路板规则"对话框中设计以下布线规则。

（1）设置安全距离。

单击左侧项目栏"Electrical"标签中的"Clearance"选项，将"约束"选项组中的"最小间距"设为 10 mil。

（2）设置布线宽度。

单击左侧项目栏"Routing"选项卡中的"Width"选项，双击此规则名称，选择"ALL"，设置全部网络的线宽的"最大宽度"值为 50 mil、"首选宽度"值为"10 mil"。设置新规则，添加"GND"网络，线宽的最大宽度值为"50 mil"和首选优选值为"25 mil"。

（3）设置布线优先权。

单击左侧项目栏"Routing"选项卡中的"Routing Priority"选项，选择"Net"（网络），设置 GND 网络的"布线优先级"值为 1。

7. 自动布线

单击"布线"菜单并选择"自动布线"命令，在弹出的"Situs 布线策略"对话框中单击 <kbd>编辑层走线方向…</kbd> 按钮，将当前电路板布线层的顶层设置为"Vertical"（垂直布线）、底层设置为"Horizontal"（水平布线），即双层布线。单击"Situs 布线策略"对话框中的 <kbd>Route All</kbd> 按钮，布线完毕后没弹出"Message"对话框，说明当前电路板中没有未布通的网络，如图 3-24 所示。

Class	Document	Source	Message	Time	Date	No.
Situs Event	信号发生器.PCBDOC	Situs	Completed Completion in 0 Seconds	20:21:27	2023/12/8	14
Situs Event	信号发生器.PCBDOC	Situs	Starting Straighten	20:21:27	2023/12/8	15
Routing Status	信号发生器.PCBDOC	Situs	116 of 116 connections routed (100.00%) in 4 Seconds	20:21:27	2023/12/8	16
Situs Event	信号发生器.PCBDOC	Situs	Completed Straighten in 0 Seconds	20:21:27	2023/12/8	17
Routing Status	信号发生器.PCBDOC	Situs	116 of 116 connections routed (100.00%) in 4 Seconds	20:21:27	2023/12/8	18
Situs Event	信号发生器.PCBDOC	Situs	Routing finished with 0 contentions(s). Failed to complete 0 connection(s) in 4 Seconds	20:21:27	2023/12/8	19

图 3-24 自动布线"Message"对话框

8. 补泪滴设置

单击"Tools"菜单→"滴泪"命令，在弹出的"泪滴属性"对话框，单击"OK"按钮，实现对电路板中铜膜导线的补泪滴设置。

9. 电路板铺铜

单击"Top Layer"工作层标签，单击"放置"菜单并选择"铺铜"命令。光标变为十字形，在电路板四个顶点处分别单击，围成一个封闭的且与电路板边界符合的矩形，铺铜后的顶层电路板如图3-25所示。单击"Bottom Layer"工作层标签，用同样的方法实现对底层铺铜，如图3-26所示。

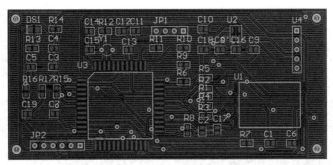

图3-25 铺铜后的顶层电路板

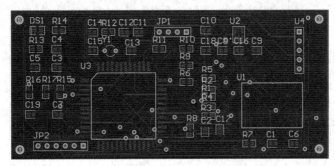

图3-26 铺铜后的底层电路板

10. 设计规则检查

单击"工具"菜单，选择"设计规则检查"命令，在弹出的"设计规则检查器"对话框中单击"运行DRC"按钮，弹出"信息提示"对话框和"双层板.DRC"文件，若设计规则检查中出现"Warnings"，则可以不用修改。如果有更高等级的错误提示信息，则建议修改后再次进行DRC检查。

11. 三维显示设计效果

单击"视图"菜单，选择"切换到3维模式"，在弹出的"信息提示"对话框中单击"OK"按钮，生成如图3-27所示的电路板三维视图。

12. 生成相关文件

打开电路板文件，单击"设计"菜单并选择"生成PCB库"命令，此时系统会自动切换到当前项目中的元件封装库文件，如图3-28所示。

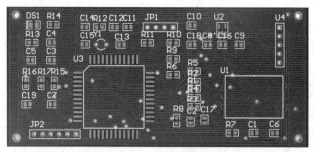

图 3 – 27　电路板三维视图

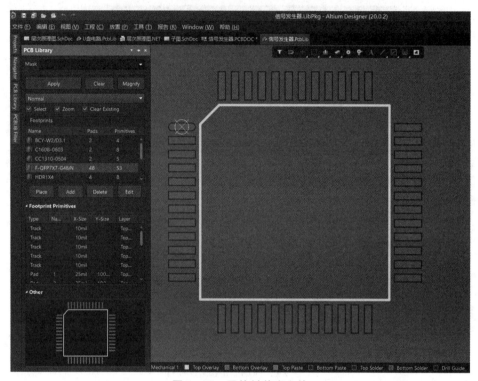

图 3 – 28　元件封装库文件

单击"File"菜单，选择"制造输出"→"Gerber Files"命令，弹出"Gerber 设置"对话框，在"General"选项组中选择公制单位的 4 ∶ 4 比例选项，在"Layers"选项中选择电路板文件所包含的工作层，单击"OK"按钮，可以打印输出 Gerber 文件。

任务知识

双层板是电路板设计中经常使用的板子，其设计过程基本与单层板设计过程一致，但在电路板层设计、元件双面放置和元件布局与布线操作过程略有不同。

3.2.1　设计双层板的工作层

双层板是双面都可以布线的电路板，因此要重新设置其工作板层。设置两个信号层，即顶层和底层。如果底层也需要放置元件，则还要选择底层丝印层，其他工作层根据实际情况进行选择。

单击"设计"菜单并选择"层叠管理器"命令，在弹出的"PCB1. PcbDoc［stackup］"层叠文件中设置当前印制电路板层数，系统默认的设置为双层板，包括六个板层，如图 3 – 29 所示。

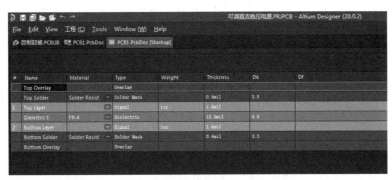

图 3 – 29　设置双层电路板层

3.2.2　双层电路板布局布线

常用的电路板有单层板、双层板和多层板三种类型。双层板是电路板中很重要的一种 PCB，当单层板的线路不够用从而转到反面的，相当于是单层板的延伸。除此之外，双层板还有一个重要的特征就是有过孔（导通孔），即铜箔层彼此之间不能互通，每层铜箔之间都铺上了一层绝缘层，所以它们之间需要靠过孔（导通孔）来进行信号连接，因此就有了导通孔的称号。因为双层板的面积比单层板大了 1 倍，而且布线可以互相交错（可以绕到另一面），所以它更适合用在比单层板更复杂的电路上。

1. 自动布局、布线

元件的布局是指将导入电路板中的所有元件封装放置到 PCB 上，是决定 PCB 设计成败的关键一步。电路布局的整体要求是整齐、美观、密集、元件密度均匀，这样才能使电路板的利用率最高，并且降低电路板的制作成本；同时在布局时还要考虑电路板的机械结构、散热、电磁干扰以及将来的布线方便性等。AD 软件提供了强大的 PCB 自动布局命令，包括按照 Room 排列、在矩形区域排列、排列板子外的器件等自动布局命令，如图 3 – 30 所示。

图 3 – 30　PCB 自动布局命令

1）自动布局

好的布局通常使具有电气连接的元件引脚比较靠近，这样可以使走线距离短，占用的空间比较小，从而使整个电路板获得更好的布线效果。在自动布局前，首先要设置自动布局的约束规则。合理地设置自动布局参数，可以使自动布局的结果更加完善，也就相对地减少了手动布局的工作量。单击"设计"菜单，选择"规则"→"器件摆放"命令，进行自动布局。

2）自动布线

单击"布线"菜单并选择"自动布线"命令即可完成自动布线功能。设计电路板时，经常使用自动布线功能。特别对于纯数字的电路板，尤其是信号电平比较低、电路密度比较小时，采用自动布线是没有问题的。但是，在设计模拟、混合信号或高速电路板时，如果采用自动布线命令，可能会出现一些问题，甚至很可能带来严重的电路性能问题。因此对于元件较少的电路板，可以选择自动布线功能。当元件较多或一些模拟、混合信号或高速电路时，多数采用手动布线。

2. 手动布局、布线

1）手动布局

手动布局就是将各个元件封装依次选中并移动到 PCB 上。遵照"先大后小，先难后易"的布置原则，即重要的单元电路、核心元件应当优先布局，布局中应以电路原理图为准，根据电路的主信号流向规律安排主要元件。建议可以按照模块来进行移动，如电路原理图中有主图、子图等，可以根据模块的功能完成放置。也可以通过元件封装库工作面板进行元件的修改，其中下拉框中选择"Components"，显示每个元件的具体信息，双击元件弹出此元件的属性对话框，可以重新对元件所在层进行设置。在设置的过程中可能出现属性对话框无法选中、移动或缩小，这是因为 AD 软件对屏幕分辨率有比较高的要求，使用的计算机分辨率不支持。

2）手动布线

手动布线也遵循自动布线时设置的规则，单击"布线"菜单并选择"交互式布线"命令，此时光标变为十字形。移动光标指针到元件的一个焊盘上，单击放置布线的起点。手动布线模式主要有任意角度、90°拐角、90°弧形拐角、45°拐角和45°弧形拐角 5 种。按 Shift + Space 键即可在 5 种模式间切换，按 Space 键可以在每一种模式的开始和结束两种方式间切换。多次单击确定多个不同的控制点，完成两个焊盘之间的布线。有时手动布局不够精细，不能很整齐地摆放好元件，还可以通过菜单命令完成。单击"编辑"菜单，选择"对齐"→"定位器件文本"命令，来调整水平和垂直两个方向上的间距。元件间距的调整，可单击"编辑"菜单并选择"对齐"→"水平分布"命令或单击菜单"编辑"菜单并选择"对齐"→"垂直分布"命令进行水平和垂直两个方向上的间距调整。在使用此命令前，需要选中要水平（或垂直）分布的元件，然后会以最左侧和最右侧（或最上侧和最下侧）的元件为基准，中间的所有元件均匀分布。

3. 双面放置元件

设计双层板时，有时需要双面放置元件，可以在系统布线之前来执行这类操作。双击需要放置在另一个信号层中的元件 U3，弹出此元件的属性对话框。在此对话框中的"Layer"选项中选择"Bottom Layer"选项，如图 3 - 31 所示。其余元件使用默认值"Top Layer"选项，单击"OK"按钮。再进行布线和后续操作，完成电路板三维视图，放置在底层的元件 U3 的电路板三维视图如图 3 - 32 所示。

图 3-31　底层元件封装 U3 放置

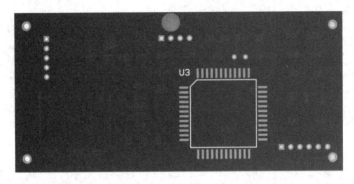

图 3-32　放置在底层的元件 U3 的电路板三维视图

3.2.3　设计规则检查

设计规则检查是根据设计规则的设置，对 PCB 设计的各个方面进行检查校验，如导线宽度、安全距离、元件间距、过孔类型等，设计规则检查是 PCB 设计正确和完整性的重要保证。对于双层板因为所要布置的元件比较多，除了需要对安全距离、布线宽度、布线优先权等方面注意外，对于丝印层文字放置规则及引脚与丝印层的最小间距也需要注意。双层板的元件较多，在布局过程中元件布局很密集，同时也要确保对元件描述的一些基本信息（包括幅值、标注等）应全部展示在电路板上。在布局过程中，可能因为对丝印层文字描述信息与元件引脚过近而引起电气冲突，导致设计规则检查不通过。这时可以单击"设计"菜单→"规则"命令，在弹出的对话框找到"Routing"标签中的"Silk To Silk Clearance"选项，在弹出的对话框中设置丝印层文字到其他丝印层对象的间距，系统默认为"10 mil"，如图 3-33 所示。

单击"设计"菜单并选择"规则"命令，单击"Routing"标签中的"Silk To Solder Mask Clearance"，设置丝印层及阻焊膜间隙，当前窗口右侧内容如图 3-34 所示，设置丝印层文字到阻焊膜的间距，系统默认为"10 mil"，可以根据实际电路板的设计情况修改。

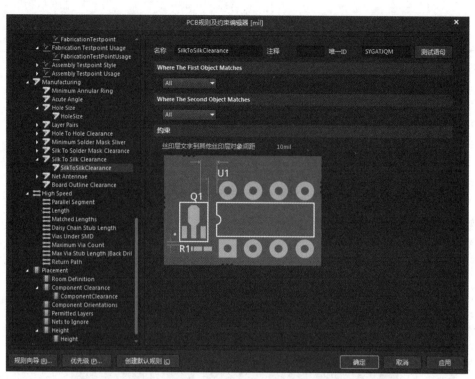

图 3 − 33　设置"Silk To Silk Clearance"丝印层及丝印层间隙

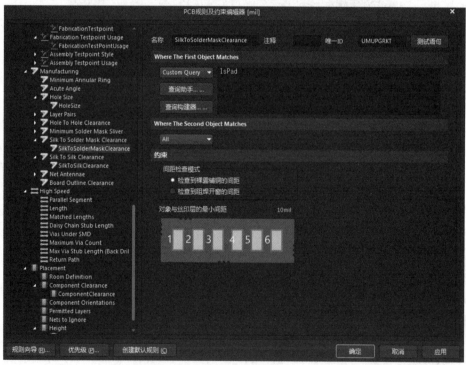

图 3 − 34　设置"Silk To Solder Mask Clearance"丝印层及阻焊膜间隙

任务 3.3　制作信号发生器电路板

任务描述

本任务是使用感光板法制作信号发生器双层电子线路板，要求综合应用前述所学习的电子线路板制作方法，完成信号层、金属化孔、阻焊层、丝印层制作。

任务目标

通过完成信号发生器双层电子线路板制作，掌握使用感光板法制作电子线路板的方法和工艺，进一步熟悉曝光、显影、金属化孔工艺、阻焊层和丝印层的制作方法，能够对电子线路板制作过程中出现的问题自行分析、查找原因，并进行纠正和解决。

任务实施

1. 材料准备

根据工作任务要求，准备好以下设备和材料：裁板机、电路板自动抛光机、计算机、激光打印机、高速台钻、金属过孔机、丝印机、烘干机、曝光机、显影机、双面感光板、菲林片、纸胶带、剪刀、感光板显影剂、三氯化铁、无水酒精、阻焊油墨、字符油墨。

2. 裁板

根据设计好的信号发生器 PCB 图大小来确定所需电路基板的尺寸规格，并裁剪基板。

3. 打印信号层图形

将信号发生器电路的顶层信号层、底层信号层分别输出打印在菲林片上。

操作注意事项：打印设置时要将定位孔所在层也设置成打印层，以便打印出定位孔进行对位；顶层信号层要镜像打印。

4. 信号层图形曝光

（1）对位。将顶层、底层信号图形的菲林片裁剪到略小于感光板大小；利用定位孔使顶层与底层图形对齐，并用透明胶带将两层菲林片的一边贴好；感光板撕去表面保护膜后，插入两层菲林片当中，用透明胶带将上下两层菲林片与感光板固定好，如图 3-35 所示。

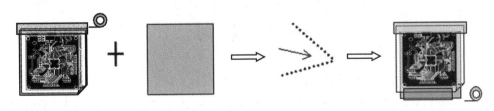

图 3-35　菲林片对位

也可以采用另外一种钻孔定位方法：将顶层、底层菲林片对正并用胶带固定好；将未撕掉保护膜的感光板插入两层菲林片当中，用胶带固定好；在菲林片的两个对角钻定位孔。

在后续工序中，就可以利用这两个定位孔进行工作了。

（2）曝光。对双面感光板的上、下两面分别进行曝光。将已对好位的感光板放在曝光机的玻璃台面上，朝向上面的非曝光面用不透光的黑色纸覆盖，设定曝光时间为 90 s，进行第一面曝光。然后将感光板翻面，进行第二面曝光，操作过程和曝光工艺与第一面曝光相同。也可使用双面曝光机，两面同时进行曝光。必须保证顶层和底层图形精确对位。

5. 信号图形显影

（1）配置显影液。将感光板显影剂按照 1∶20 的比例加水，配置成显影液。也可使用氢氧化钠（NaOH）配置成浓度为 1%～2% 的显影液。

（2）显影。将已曝光的双面感光板放入显影液中，每隔数秒轻轻晃动容器，当感光板铜箔清晰显现且不再有绿色雾状冒起时，则显影完成。

（3）水洗。从显影液中取出感光板放入清水中，浸泡 1～2 min 后取出。

（4）干燥及检查。使用电吹风将感光板吹干（或使用烘干机进行烘干），然后检查线路膜面是否完整。若有短路处，可以用小刀刮开，若膜面出现短路，可使用油性笔进行修补。配置显影液时，要使用非金属容器。注意：显影液浓度要合适，显影液越浓，显影速度越快，但过快会造成显影过度（线路会全面地模糊缩小）；显影液浓度过稀则显影很慢，易造成显影不足，最终造成蚀刻不完全；显影时，要将双面感光板悬空放在显影液中，避免容器损伤感光膜面；一般显影时间为 1～2 min，在显影过程中要随时观察显影情况，显影结束后及时取出感光板；显影后进行水洗时，不要将感光板直接放在水龙头下进行冲洗，避免水流冲断线路上的保护膜面。

6. 线路腐蚀

（1）蚀刻。按照 1∶3 的比例配置三氯化铁腐蚀液，将显影后的感光板放入腐蚀液中进行蚀刻，直至两面线路完全显示出来。

（2）水洗、干燥。使用无水酒精（或者浓度较大的显影液）擦除线路上的保护膜。

7. 钻孔

使用高速台钻手工加工信号发生器电子线路板上的通孔。

8. 金属化孔

对信号发生器电子线路板上的过孔进行金属化。其操作流程和工艺要求同功率放大电路板金属化孔要求。

9. 制作阻焊层和丝印层

制作信号发生器电子线路板的阻焊层和丝印层工艺同功率放大电路板制作。

项 目 练 习

1. 绘制如图 3 - 36 所示的原理图。

（1）新建 PCB 项目文件 "LX1. PrjPcb"，并在此项目中用原理图设计方法来绘制如图 3 - 36 所示的原理图文件 "LX1. SchDoc"。对原理图的工作环境要求是：图纸大小为 A4；图纸方向设为横向放置；图纸底色设为白色（编号为 233）；标题栏设为 Standard 形式；栅格形式设为点状的且颜色设为 18 色号，边框颜色设为绿色；根据实际元件选择合适的原理图元件封装；进行层次原理图编译并修改，保证层次原理图正确；生成层次原理图元器件清单和网络表文件。进行电气规则检查，并对电路图中出现的错误进行修改，生成网络表文件和元器件材料清单。

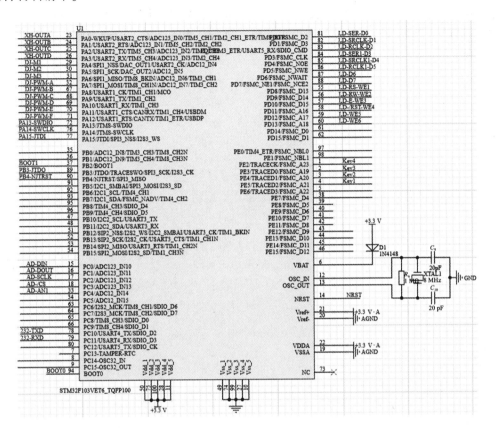

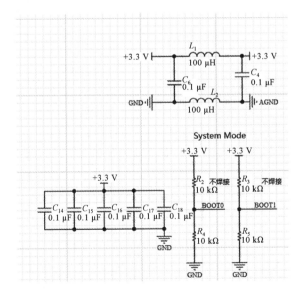

图 3-36　练习1

（2）在上一个项目文件中新建电路板文件即 "LX1.PcbDoc"，设计相应的双层电路板。英制单位设计，使用双层印制电路板，电路板外形尺寸是 4 800 mil × 2 600 mil；根据电子元件布局工艺进行自动布局和手工布局；添加接地和电源焊盘；设计自动布线规则（电源和地线网络宽度是 20 mil，其余网络线宽是 10 mil，优先布置接地和电源网络走线，安全距离自行设置），进行自动布线并配合手工调整；进行补泪滴设置；设计规则检查无误；生成光绘文件。

项目 4

小型吹风机电路板设计

本项目以小型吹风机电路板产品为载体，并以此产品的电子线路板设计与制作的实际工作过程为导向，完整地介绍了使用 AD 软件进行原理图绘制、双层电子线路板的综合设计、使用感光板法进行手工制作双层电路板的操作方法。具体内容包括绘制原理图、绘制自制元件、设计双层印制电路、绘制自制封装、使用感光板法制作双层板等知识和技巧。通过本项目的学习，学生可以根据要求，设计并制作出符合电路功能要求和电子线路板工艺要求的双层电子线路板，掌握双层电子线路板设计的操作方法与制作流程。

项目目标

能正确识别和修改原理图的电气规则，检查错误信息；能正确导入工程变更指令并根据实际情况进行修改；能正确设计双层电路板文件；能正确进行综合布局和布线；能正确生成和打印常用的报表文件；能正确使用感光板法制作双层电子线路板。

项目描述

吹风机主要用于头发的干燥和造型，也可应用于实验室、理疗室及工业生产、美工等方面做局部干燥、加热和理疗之用。通常吹风机都是按电功率进行分类的，常用的规格有 250 W、350 W、450 W、550 W、850 W、1 000 W、1 200 W 等。本项目中制作的是小型吹风机，主要由电热丝和高转速小风扇组合而成。当电吹风接通电源后，电动机带动风叶旋转，将空气从进风口吸入，经过电热元件加热，把热风从出风口吹出。再加上适当的开关设定及温度控制保护，即输出不同温度和不同流速的空气流。

本项目设计具体要求是：使用 AD 软件新建电子线路板项目文件和相关文件。其中，项目文件为"小型吹风机 . PrjPcb"，原理图文件为"原理图 . SchDoc"，原理图元件库文件为"Documents. SchLib"，电子线路板文件为"双层电路板 . PcbDoc"，自制元件封装库文件为"自制封装库 . PcbLib"。使用双层电子线路板完成小型吹风机电路的设计，双层板外形尺寸为 4 000 mil×3 800 mil。使用感光板法制作双层电子线路板，制作完成的小型吹风机双层电子线路板实物图如图 4 – 1 所示。

图 4 - 1 制作完成的小型吹风机双层电子线路板实物图

项目分析

吹风机主要由功能操作开关、温度调节开关、电热丝总成，以及电动机和风叶等组成。当功能操作开关打到"高速"挡位时，电热丝获得交流 220 V 电源电压而发热；同时交流 220 V 电压经电热丝降压，再加到由二极管 VD1～VD4 构成的桥式整流电路两端，交流电经桥式整流后，变成脉动的直流电，为电动机供电，此时电动机带动风叶高速转动，将空气从进风口吸入，经电热元件加热，形成强热风后从出风口吹出。当功能操作开关按到"关"位置时，吹风机内部电路因断电而停止工作。同理，当功能操作开关按到"低速"挡位时，交流 220 V 的电源电压经二极管 VR 整流后，输出约 99 V 的脉动电压。该电压经温度调节开关供电热丝发热；同时脉动电压也加到由二极管 VD1～VD4 构成的桥式整流电路两端，经电热丝降压后，再由整流桥式电路为电动机供电，此时电动机带动风叶低速转动，将空气从进风口吸入，经电热元件加热，形成低热风后从出风口吹出。当功能操作开关按到"关"位置时，吹风机内部电路因断电而停止工作。

按照小型吹风机的工作原理和本项目描述中对原理图、电子线路板和双层板制作的具体要求，进行了整理与分析，确定了在本项目实施中需要使用 AD 软件进行原理图绘制和双层电子线路板设计，使用感光板法制作双层电子线路板。

任务 4.1　绘制小型吹风机原理图

新建项目文件"小型吹风机 . PrjPcb"，添加原理图文件"原理图 . SchDoc"和原理图元件库文件"Documents. SchLib"。根据图 4 - 1 中内容，在此文件中进行工作环境设置、加载元器件库、放置对象、设置对象属性、绘制原理图自制元件、调整对象布局、连接线路、编译原理图文件、生成网络表文件等操作，以实现小型吹风机原理图的功能。

任务 4.2　设计小型吹风机电路板

在任务 4.1 的项目文件中新建电子线路板文件"双层电路板 . PcbDoc"和自制元件封装库文件"自制封装库 . PcbLib"，在此文件中进行设置双层板外形和工作层、用原理图更新 PCB 文件、设置布线规则、绘制自制元件封装、元件布局与布线、设计规则检查、生成相关报表文件等操作，以实现小型吹风机的电路板设计。

按照感光板法的操作流程，根据任务 4.2 的电子线路板工作层文件，制作符合项目要求的小型吹风机双层电子线路板。

项目实施

任务 4.1　绘制小型吹风机原理图

任务描述

本任务要求新建项目文件"小型吹风机 . PrjPcb"并设计原理图文件"原理图 . SchDoc"和原理图元件库文件"Documents. SchLib"。对绘制原理图的具体要求是：图纸大小为 A1；图纸方向设为横向放置；图纸底色设为白色；标题栏设为 Standard 形式；栅格形式设为点状的且颜色设为 116 色号，边框颜色设为绿色；绘制 10 个原理图自制元件 89S52、7805（7809）、7406、74LS245、LED_8、LM324、SW – PB、TRANS_4、Header2、ProE284. TMP_10K_90，这些自制元件如图 4 – 2（a）~图 4 – 2（j）所示；进行原理图编译并修改，保证原理图正确；生成原理图元器件清单和网络表文件。小型吹风机原理图如图 4 – 3 所示。

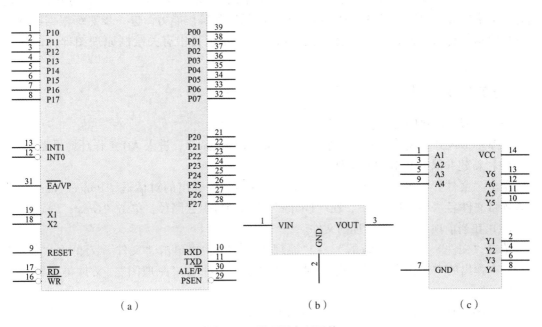

图 4 – 2　原理图自制元件

（a）89S52；（b）7805（7809）；（c）7406

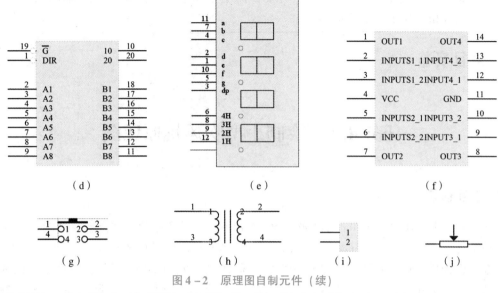

图 4 - 2　原理图自制元件（续）

（d）74LS245；（e）LED_8；（f）LM324；（g）SW - PB；（h）TRANS_4；（i）Header2；（j）ProE284. TMP_10K_90

任务目标

本任务的目标是使用 AD 软件绘制小型吹风机原理图，为执行下一个任务做好准备。通过完成本任务，学生掌握根据要求绘制原理图的实际操作能力，进一步熟练根据原理图编译的提示信息来修改错误的操作方法，从而实现本项目中有关绘制原理图部分的能力目标。

任务实施

（1）启动 AD 软件。

从 Windows 开始菜单单击"程序"→"Altium Designer"，进入 AD 工作环境界面。

（2）新建并保存 PCB 项目文件。

单击"文件"菜单→"新的"→"项目"命令，在弹出的对话框"Project Name"中输入项目文件名"小型吹风机"，在"Folder"中选择好保存路径，单击"Create"按钮。

（3）在当前项目中新建原理图文件。

单击"文件"菜单→"新的"→"原理图"命令，再单击"文件"菜单→"保存"命令，在弹出的"保存原理图文件"对话框中输入文件名"原理图"，文件类型默认为".SchDoc"。

（4）根据任务目标要求设置原理图工作环境。

单击"工具"菜单→"原理图优选项"命令，根据本任务中的描述，在弹出的对话框中选择"Schematic"，选中"General"选项，在右侧将纸张尺寸选为 A1，单击"确定"按钮，完成纸张大小的设置。在图纸边沿双击，弹出"Properties"对话框，根据本任务中的描述在"General"选项组"Units"选项中选中"mm"，即当前原理图使用公制单位。选择"Sheet Border"选项中的颜色块，从弹出的"颜色选择"对话框中选择"绿色"；选择

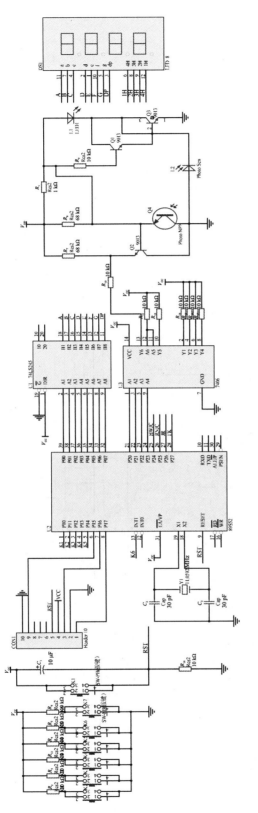

图 4 - 3　小型吹风机原理图

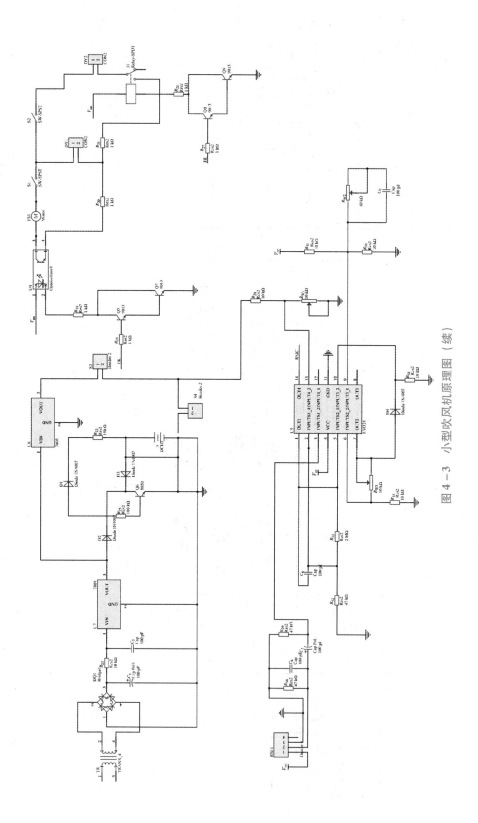

图4-3 小型吹风机原理图（续）

"Sheet Color" 选项中的颜色块，从弹出的颜色选择对话框中选择"白色"；在"Page Options" 选项卡"Orientation" 选项中选择"Landscape"，即图纸横向放置；在"Title Block" 选项中选择"Standard"，即 Standard 形式的标题栏。

（5）设置系统工作环境。

单击"工具"菜单→"原理图优选项"命令，在弹出的对话框中选择"Schematic"，选择"Grids"选项，在右侧将栅格选择"Dot Grid"，即实现了将可视栅格设为点状；双击栅格颜色选项中的颜色块，在弹出的"选择颜色"对话框中选择"116"号颜色块；单击"确定"按钮，完成栅格形状和栅格颜色的设置操作。

（6）设置标题栏。

使用放置 Text 字符的方法，在原理图标题栏的相应位置放置字符，并分别设置字符的文字和格式。设置好的原理图标题栏如图 4-4 所示。

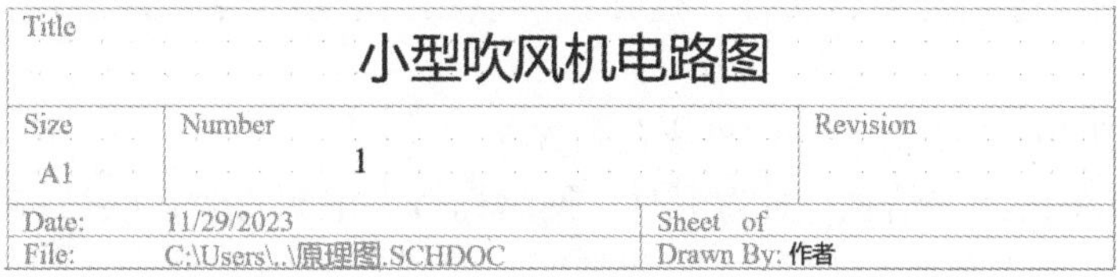

Title	小型吹风机电路图		
Size A1	Number 1		Revision
Date:	11/29/2023	Sheet of	
File:	C:\Users\..\原理图.SCHDOC	Drawn By: 作者	

图 4-4　设置好的原理图标题栏

（7）加载元件库。

将系统元件库 Miscellaneous Devices. IntLib 和 Miscellaneous Connectors. IntLib 加载到当前项目中。还需要加载两个系统元件库文件 Dallas microcontroller 8 - bit. IntLib、Dallas Logic Delay Line. IntLib，因为当前原理图中有一些元件的封装存在于这两个系统元件库中。

（8）在当前项目中新建原理图元件库文件"Documents. SchLib"。

光标指向"Projects"面板中当前项目名称"小型吹风机 . PrjPcb"，右击，在弹出的快捷菜单中选择"添加新的...到工程"→"Schematic Library"命令；此时生成了一个 SchLib1. SchLib；单击常用工具栏中的图标▣，在弹出的"保存文件"对话框中输入"Documents"，单击"保存"按钮，即可新建一个原理图元件库。

（9）绘制自制元件 LED_8。

单击窗口左侧的"SCH Library"面板，单击"工具"菜单→"新器件"命令，新建一个自制元件并将其改名为"LED_8"；根据图 4-2（e）中 LED_8 元件图形来绘制当前自制元件，具体操作过程如下：

①绘制 LED_8 的外形。在原理图元件工作区中，单击"放置"菜单→"矩形"命令，绘制如图 4-2（e）所示的当前自制元件的矩形轮廓。单击"放置"菜单→"线"命令，在矩形轮廓内部绘制如图 4-2（e）所示的八位数码管外形；单击"放置"菜单→"圆圈"命令，在下方绘制一个小圆圈。同时选中这两个对象，单击"编辑"菜单→"复制"命令，右击，选择三次"粘贴"命令，即复制三份到原有图形下方。根据图 4-2（e）所示的元件形状，用鼠标调整各个图形对象的间距。

②添加 LED_8 引脚。单击快捷工具栏中的图标▦，放置 12 个引脚，并按图 4-2（e）设置这些引脚的名称和属性。

③设置 LED_8 的元件属性。单击窗口左侧的"SCH Library"面板，单击面板右下角的"编辑"选项，弹出"Properties"对话框。选择"General"选项卡，在"Properties"选项组"Designator"中输入"DS?"；在"Comment"选项框中输入"LED_8"；下滑对话框中选择"Footprint"选项，单击"Add"按钮，在弹出的"PCB 模型"对话框"Name"（名称）选项框中输入"LED_8"，即设置元件 LED_8 的封装名称。

（10）绘制其余自制元件 89S52、7805（7809）、7406、74LS245、LM324、SW - PB、TRANS_4、Header2、ProE284. TMP_10K_90，根据图 4 - 2 中所示的图形来绘制这 9 个自制元件。

（11）保存原理图元件库文件"Documents. SchLib"。

光标指向"Projects"面板中的原理图元件库文件"Documents. SchLib"，右击，在弹出的快捷菜单中选择"保存"命令，保存当前原理图元件库文件。再用同样的方法选择"Save"命令重新保存当前项目文件，这样就可以在当前项目中的原理图中直接使用这些自制元件了。

（12）在原理图中放置对象并调整位置和方向。

参照表 4 - 1 中的元件信息，放置元件、网络标号、电源符号、接地符号和其他对象并设置其属性。将这些对象的位置和方向调整好，此时原理图文件中的对象及分布情况如图 4 - 5 所示。

注意：当前原理图中有许多网络标号，放置这些网络标号时要注意它们的名称一致，否则不能起到电气连接的作用。

（13）连接线路。

在原理图空白处右击，在弹出的快捷菜单中选择"放置"→"线"命令，此时箭头光标下方出现十字形，使用任务 1.1 的任务实施过程中的连接线路的操作方法，以图 4 - 3 所示的原理图为依据，连接原理图中各对象引脚之间的导线，直到完成原理图中所有对象的连接。

技巧：当前原理图中有好多元件引脚并没有用实际导线连接起来，而是用放置网络标号的方法，使它们实现真正的电气连接。这种连线方式用于较复杂的原理图中，可以很大程度上降低原理图的复杂程度，使原理图更加美观、清晰。

（14）重新保存原理图文件和当前项目。

（15）编译项目文件。

单击"工程"菜单→"Compile PCB Project 小型吹风机. PrjPcb"，编译当前项目中的原理图文件和原理图元件库文件。如果此时没有弹出任何对话框，说明当前原理图中没有错误。如果弹出"信息"对话框，可以按照任务 1.1 的任务实施过程中的操作方法来进行修改，直至无误。再重新保存文件，重新编译当前项目中的所有文件。

（16）生成网络表文件和原理图元件报表。

单击"设计"菜单→"工程网络表"→"Protel"命令，生成当前原理图的网络表文件，其中包括原理图文件中的所有对象和网络。在原理图元件库文件工作区中，单击"报告"菜单→"库列表"命令，生成"Documents. rep"文件，此文件列出了当前原理图中所有使用的元件。

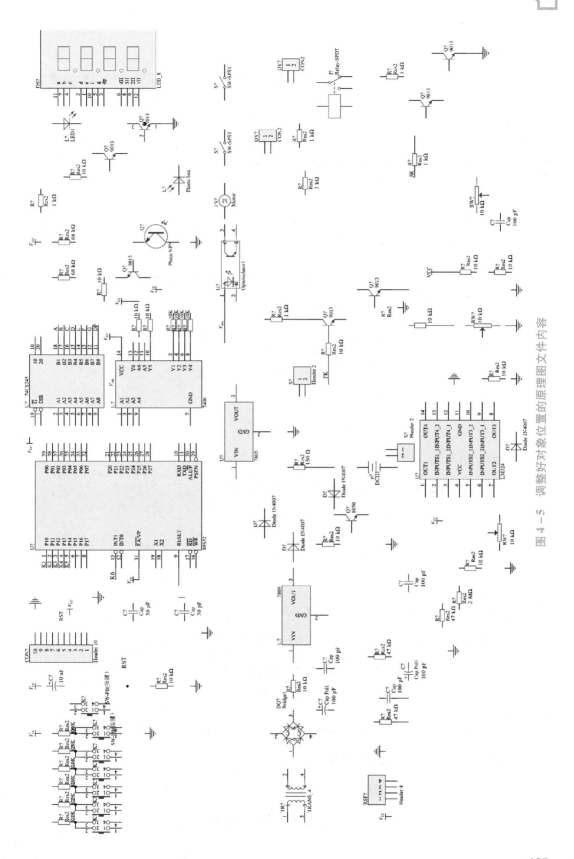

图 4－5 调整好对象位置的原理图文件内容

185

任 务 知 识

在多次绘制原理图之后会发现，有时使用菜单命令会比较慢，而使用相应的快捷菜单或快捷键会速度更快，而且更方便绘制。因此，介绍一些在绘制原理图时常用的键盘快捷键以方便用户查阅。

绘制原理图时常用的键盘快捷键如表4－1所示，可以从中挑选实用的键盘快捷键并应用于实际绘图操作，会起到事半功倍的效果。

表4－1　绘制原理图时常用的键盘快捷键

键盘快捷键	功能
Enter	选取或启动
Esc	放弃或取消，终止当前正在进行的操作，返回待命状态
Tab	启动浮动对象的属性窗口
PgUp	放大窗口显示比例
PgDn	缩小窗口显示比例
End	刷新屏幕
Del	删除点取的元件（1个）
Ctrl + Del	删除选取的元件（2个或2个以上）
X + a	取消所有被选取对象的选取状态
X	将鼠标选中对象左右翻转
Y	将鼠标选中对象上下翻转
Space	将浮动对象旋转90°
Ctrl + Ins	将选取对象复制到编辑区
Shift + Ins	将剪贴板里的对象粘贴到编辑区
Shift + Del	将选取对象剪切放入剪贴板
Alt + Backspace	恢复前一次的操作
Ctrl + Backspace	取消前一次的恢复
Ctrl + g	查找并替换文本
Ctrl + f	查找文本
Space + Shift	绘制导线、直线或总线时，改变走线模式

续表

键盘快捷键	功能
V + d	缩放视图，以显示整张电路图
V + f	缩放视图，以显示所有电路部件
Home	以光标位置为中心，刷新屏幕
Backspace	放置导线或多边形时，按 90° 角度实现翻转
Delete	放置导线或多边形时，删除选中的导线或多边形
Ctrl + Tab	在打开的各个设计文件文档之间切换
Alt + Tab	在打开的各个应用程序之间切换
a	弹出"编辑"→"对齐"子菜单
b	弹出"视图"→"工具栏"子菜单
c	弹出工程菜单
e	弹出编辑菜单
f	弹出文件菜单
h	弹出帮助菜单
j	弹出"编辑"→"跳转"子菜单
m	弹出"编辑"→"移动"子菜单
o	弹出"常用"菜单
p	弹出"放置"菜单
r	弹出"报告"菜单
s	弹出"编辑"→"选择"子菜单
t	弹出"工具"菜单
v	弹出"视图"菜单
w	弹出"Windows"菜单
x	弹出"常用"菜单
z	弹出"视图"常用菜单
左箭头←	光标左移 1 个电气栅格

键盘快捷键	功能
Shift + 左箭头	光标左移 10 个电气栅格
右箭头→	光标右移 1 个电气栅格
Shift + 右箭头	光标右移 10 个电气栅格
上箭头↑	光标上移 1 个电气栅格
Shift + 上箭头	光标上移 10 个电气栅格
下箭头↓	光标下移 1 个电气栅格
Shift + 下箭头	光标下移 10 个电气栅格
Ctrl + 5	以零件原来尺寸的 50% 显示图纸
Ctrl + b	将选定对象以下边缘为基准，底部对齐
Ctrl + t	将选定对象以上边缘为基准，顶部对齐
Ctrl + l	板级注释
Ctrl + r	将选定对象以右边缘为基准，靠右对齐
Ctrl + h	将选定对象以左右边缘的中心线为基准，水平居中排列
Ctrl + v	将选定对象以上下边缘的中心线为基准，垂直居中排列
Ctrl + Shift + h	将选定对象在左右边缘之间，水平均布
Ctrl + Shift + v	将选定对象在上下边缘之间，垂直均布
Shift + F4	将打开的所有文档窗口平铺显示
Shift + F5	将打开的所有文档窗口层叠显示
Shift + 单击左键	选定单个对象
Ctrl + 单击左键再释放 Ctrl	拖动单个对象
Shift + Ctrl + 单击左键	移动单个对象
按 Ctrl	移动或拖动对象时，不受电气栅格点限制
按 Alt	移动或拖动对象时，保持垂直方向
按 Shift + Alt	移动或拖动对象时，保持水平方向

任务 4.2　设计小型吹风机电路板

任务描述

在任务 4.1 的原理图基础上，新建"双层电路板 . PcbDoc"文件和"自制封装库 . PcbLib"文件，并设计相应的双层电路板。对此电路板文件的具体设计要求是：应用英制单位设计，在电路板工作区中不显示图纸，使用双层电路板，电路板外形尺寸为 4 000 mil × 3 800 mil；绘制如图 4 – 6（a）~ 图 4 – 6（g）所示的自制元件封装，具体包括 SW1、CON2A、DIP – 5、LED_8、TO220V、SIP2、0805 共 7 个自制封装；根据电子元件布局工艺进行自动布局和手动布局；添加接地和电源焊盘；设计自动布线规则（电源和地线网络线宽度是 30 mil，其余网络线宽度是 15 mil，优先布置接地和电源网络走线，安全距离自行设置），进行自动布线并配合手工调整；进行补泪滴设置；设计规则检查无误；生成光绘文件。小型吹风机双层电路板三维视图如图 4 –7 所示。

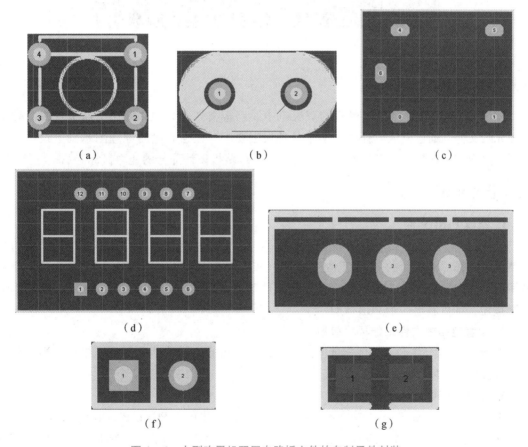

图 4 – 6　小型吹风机双层电路板文件的自制元件封装

（a）SW1；（b）CON2A；（c）DIP – 5；（d）LED_8；（e）TO220V；（f）SIP2；（g）0805

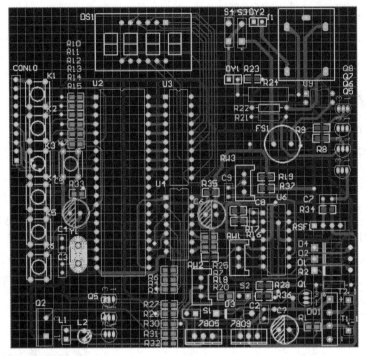

图 4 - 7 小型吹风机双层电路板三维视图

任务目标

使用 AD 软件设计小型吹风机的双层电子线路板文件，为制作双层电路板提供元件报表和光绘文件。通过完成本任务，学生具备根据要求，在绘制电路原理图基础上设计双层电子线路板的操作能力，实现本项目中有关电子线路板设计部分的能力目标。

任务实施

1. 新建 PCB 文件

光标指向"Projects"面板中当前项目名称"小型吹风机 . PrjPcb"，右击，在弹出的快捷菜单中选择"添加新的...到工程"→"PCB"命令；生成一个 PCB. PcbDoc 文件；单击常用工具栏中的■按钮，在弹出的"保存文件"对话框中输入"双层电路板"，单击"保存"按钮，即可新建一个 PCB 文件。

2. 设置电路板文件工作环境参数

单击"工具"菜单→"优先选项"命令，在弹出的"优选项"对话框中设置当前印制电路板文件的环境参数。

3. 设计电子线路板工作层

单击"设计"菜单→"层叠管理器"命令，在弹出的"PCB1. PcbDoc［stackup］"层叠文件中设置当前印制电路板层数。文件设置为双层板，包括 10 个板层，分别为 Top Overlay、Top Solder、Top Paste、Top Layer、Bottom Layer、Bottom Solder、Bottom Paste、Keep - Out Layer、Multi - Layer、Mechanical 1。

4. 规划电子线路板基本外形

单击"编辑"菜单→"原点"→"设置"命令，确定当前印制电路板左下角任意一点为当前印制电路板文件的原点。单击"设计"菜单→"板子形状"→"定义板切割"命令，箭头光标下方出现十字光标，在当前电路板文件工作区中绘制尺寸为 4 000 mil × 3 800 mil 的矩形，单击常用工具栏中的 ■ 按钮，保存当前印制电路板文件。

5. 绘制电路板电气边界

单击电子线路板下方的 Keep – Out Layer 工作层标签，使禁止布线层为前工作层，单击"放置"菜单→"走线"命令，此时箭头光标下方出现十字形，在当前电路板工作区中绘制矩形电气边界。电气边界四个顶点的坐标值分别是（50 mil，50 mil）、（4 000 mil，50 mil）、（4 000 mil，3 800 mil）、（50 mil，3 800 mil）。绘制完成的电路板电气边界如图 4 – 8 所示。

6. 绘制安装孔

切换到 Mechanical 1，单击"放置"菜单→"禁止布线"→"圆弧（中心）"命令，箭头光标下方出现粉色方块点，在电路板文件左下角处绘制中心点坐标为（113 mil，105 mil）且半径为 90 mil 的安装孔。选中这个左下角的安装孔，右击，在弹出的快捷菜单中选择"复制"命令，右击，在弹出的快捷菜单中选择"粘贴"命令，分别以（3 695 mil，105 mil）、（3 695 mil，3 885 mil）、（113 mil，3 885 mil）这三个坐标点为中心点粘贴到指定位置，成为右下角、右上角和左上角的安装孔。绘制完成安装孔的电路板如图 4 – 9 所示。

图 4 – 8　绘制完成的电路板电气边界　　　　图 4 – 9　绘制完成安装孔的电路板

7. 新建自制元件封装库文件"自制封装. PcbLib"并绘制元件封装

光标指向 Projects 面板中的"小型吹风机 . PrjPcb"，右击，在弹出的快捷菜单中选择"添加新的... 到工程"→"PCB Library"命令，新建一个元件封装库文件"PcbLib1. PcbLib"。单击"文件"菜单中的"保存"命令，在弹出的"保存文件"对话框中输入文件名"自制封装"，单击确定按钮。

在新建的"自制封装.PcbLib"文件中，光标指向"PCB Library"面板的 PCBCOMPO-
NENT_1 元件封装，双击，在弹出的 PCB 库封装对话框中将其改名为"0805"。用项目 2 中
的项目实施过程的操作方法和图 4-6（g）中"0805"元件封装图形来放置焊盘和绘制其
外形。使用同样的方法绘制图 4-6 中其余自制元件封装，保存当前文件。

8. 导入工程变化订单

单击"设计"菜单→"Import Changes Form 小型吹风机.PrjPcb"，弹出"工程变更指
令"对话框。单击此对话框中左下角的验证变更按钮使工程变更指令生效，如果无误，再
单击"执行变更"按钮来执行工程变化订单，如图 4-10 所示。此时对话框中"状态"栏
中的"完成"选项一列图标如果都是 ✅，说明当前订单执行结果无误。

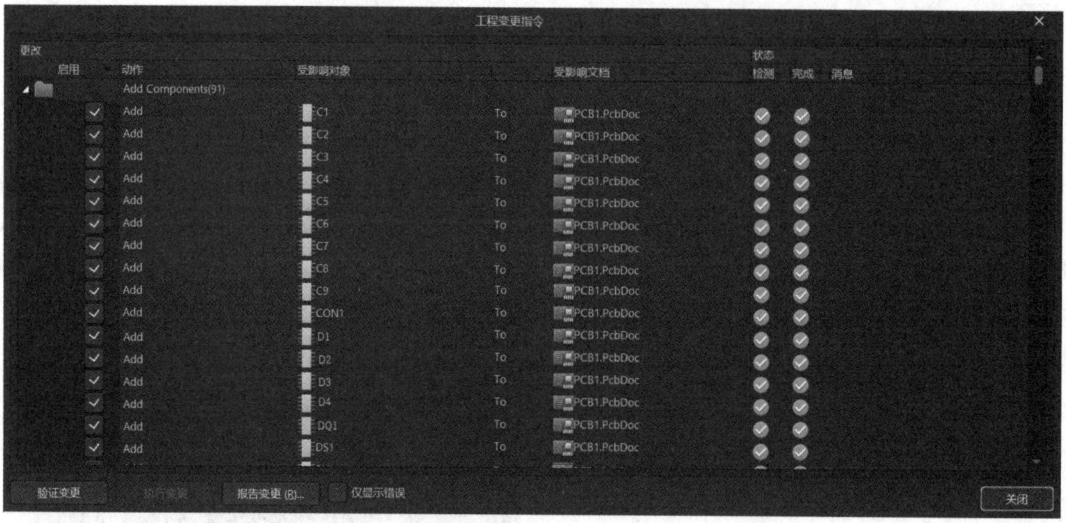

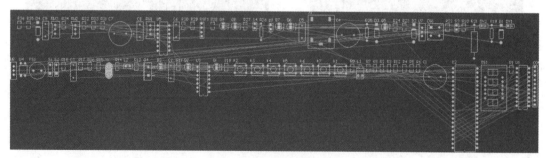

图 4-10　执行变化后的"工程变更指令"对话框

回到"导入工程变化订单"对话框，单击"关闭"按钮。按 PgDn 键，将当前电路板
文件缩小到适合的比例，此时从当前项目的原理图文件导入的元件、网络和相关信息出现
在当前电子线路板右侧，如图 4-11 所示。

图 4-11　导入工程变更指令后的电子线路板文件

9. 手动布局电路板中元件

先删除 Room 房间，将元件 K1～K7 七个按键移动至电路板左侧边缘位置，因为这几个
元件是用来设置冷热风或风扇速度的按钮，所以将其放置在电路板边缘位置；将电路显示

元件 DS1 放置在电路板正上方边缘处，便于用户观察；J1 是需要用户调节的元件，因此将 J1 放置在电路板右上角边缘位置处；将核心元件 U2 放置在 DS1 元件下方，同时将与其配合的晶振 Y1 放置在 U2 附近；将 Q4 红外接收管与 L2 红外发射管水平放置在一起，且放置在电路板下方边缘处，便于接收输入信号；将 DQ1 整流桥元件放置在电路板右下角边缘处，便于接入电源；电路板中其余元件要根据原理图中信号流方向来放置。

根据元件封装位置和飞线的指标，调整各个元件封装的方向，尽量使飞线连线简单；再调整与元件封装对应的元件组件的位置和方向。完成布局的电路板文件如图 4-12 所示。

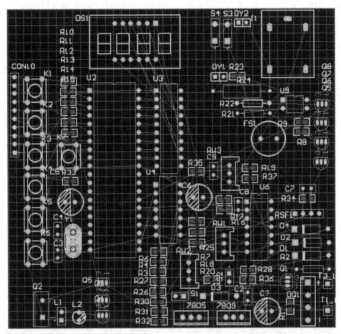

图 4-12 完成布局的电路板文件

10. 放置电源和接地网络焊盘

单击布线工具栏中的 ⬤ 按钮，箭头光标下方出现焊盘图形。移动光标至电路板边缘位置单击 3 次，放置 3 个焊盘，右击结束放置。分别双击这些焊盘，在弹出的"Properties"对话框中将这些焊盘分别与 VCC、VDD、GND 这 3 个网络相连，作为电源和接地网络的焊盘。

单击"Wiring"工具栏中的 🅰 按钮，在这 3 个焊盘附近放置 3 个字符，右击结束放置。分别双击这 3 个字符，分别在弹出的"Properties"对话框的文本框中输入"VCC""VDD""GND"，作为这 3 个电源和接地网络焊盘的文字标识。将这 3 个焊盘和与其对应的标识放置在电路板上方边缘处。

11. 设置 PCB 设计规则

单击"设计"菜单→"规则"命令，在弹出的"PCB 规则及约束编辑器"对话框中设置以下布线规则。

（1）设置安全距离。单击"Electrical"选项卡中的"Clearance"，将"Constraints"选项组中的"Minimum Clearance"选项值设为"10 mil"。

（2）设置布线宽度。单击"Routing"选项卡中的"Width"，设置所有网络的线宽的最大宽度值为 50 mil、首选宽度值为 15 mil。新建电源线宽规则"Width_1"并双击此规则名称，设置 GND 网络的线宽的最大宽度值为 50 mil、首选宽度值为 30 mil。用同样的方法再新建 2 个线宽规则，分别与另外 2 个电源网络相连接，设置成与 GND 网络相同的值。

（3）设置布线优先权。单击"Routing"选项卡中的"Routing Priority"，右击，选择新规则选项，新建电源网络布线优先权 Routing Priority_1，设置 GND 网络的 Routing Priority 值为 1。用同样的方法再新建 2 个布线优先权，分别与另外 2 个电源和接地网络相连接，且它们的布线优先权值依次加 1。

12. 手动布线

对于元件较多的电路板，手动布线操作可以提高电路板的抗干扰性。

（1）手动布置核心元件 U2 引脚所连接的走线。切换到顶层，单击常用工具栏中的 图标，箭头光标下方出现十字形，参照图 4 - 13 所示 U2 的部分引脚的顶层走线连接方式进行导线的连接，使水平走线尽量沿水平方向。U2 其余引脚的走线，可以参照图 4 - 14 所示顶层走线图来连接。

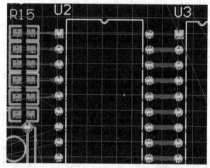

图 4 - 13　U2 的部分引脚的顶层走线连接方式

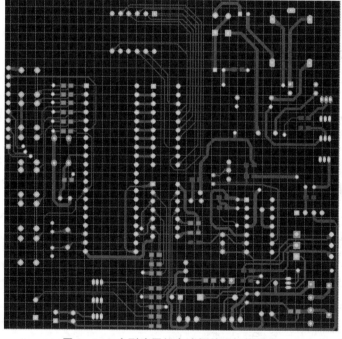

图 4 - 14　小型吹风机电路板的顶层走线图

（2）布置元件 U3、U4 和其余对象的顶层走线。按图 4 - 14 中所示 U3、U4 元件和其余元件的顶层走线图来连接。

（3）布置电路板中对象的底层走线。参照图 4 - 15 所示走线形式来布置底层走线。

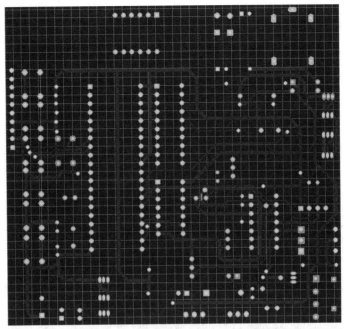

图 4 - 15　小型吹风机电路板的底层走线图

13. 补泪滴设置

单击"工具"菜单→"泪滴"命令，在弹出的"泪滴"对话框，单击"确定"按钮，实现对电路板中的铜膜导线进行补泪滴设置。

14. 电路板铺铜

单击"放置"菜单→"铺铜"命令，将覆铜层与 GND 网络连接在一起。铺铜后的电子线路板如图 4 - 16 所示。

15. 设计规则检查

单击"工具"菜单→"设计规则检查"命令，在弹出的"设计规则检查器"对话框中单击运行 DRC 按钮，弹出"信息提示"对话框和"双层电路板 . PcbDoc"文件。"双层电路板 . PcbDoc"文件显示内容如图 4 - 17 所示。

16. 三维显示设计效果

单击"视图"菜单→"切换到 3 维模式"命令，在弹出的"信息提示"对话框，单击"OK"按钮，弹出如图 4 - 18 所示电路板三维视图。

17. 生成 Gerber 文件

单击"File"菜单→"制造输出"→"Gerber Files"命令，弹出"Gerber 设置"对话框，在"General"选项卡中选择公制单位的 4：4 比例选项，在"Layers"选项中选择电路板文件所包含的工作层，单击"OK"按钮。可以使用任务 1.2 中任务实施过程中的打印 Gerber 文件的操作方法来打印输出。

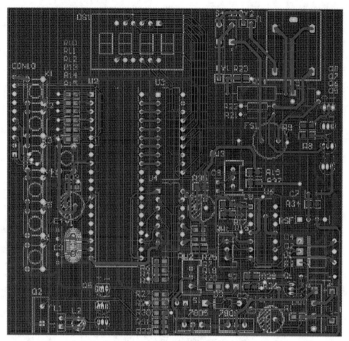

图 4-16 铺铜后的电子线路板

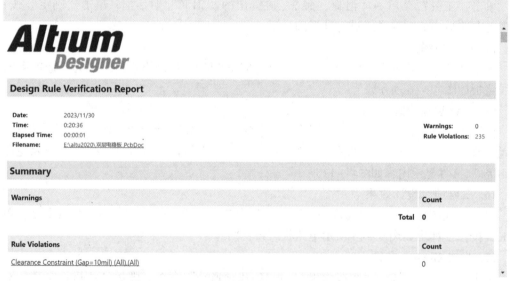

图 4-17 "双层电路板.PcbDoc"文件显示内容

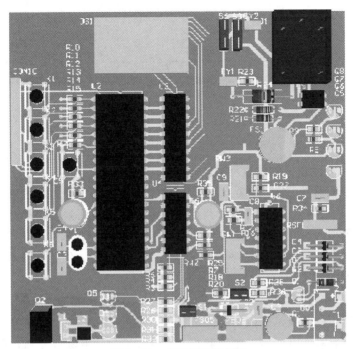

图 4 – 18　电路板三维视图

任务知识

前面介绍的是单层电路板和双层电路板的设计，而多层电路板也经常应用于高速的电路系统中，因此也要对多层电路板的设计有所了解。在本任务的学习指导中主要介绍多层电路板的特点及设计方法。

4.2.1　多层电路板的结构与特点

多层电路板是指有两层以上信号层的电子线路板，常用于高速数字系统的电路板设计中，其内部的多层常用于电源层和接地层。它是由几层绝缘基板上的连接导线和装配焊接电子元件用的焊盘组成的，既具有导通各层线路，又具有相互间绝缘的作用。随着 SMT 的不断发展，以及新一代 SMD 的不断推出，使电子产品更加智能化、小型化，因而推动了 PCB 工业技术的重大改革和进步。

1. 电路板外形、尺寸、层数的确定

多层电路板的设计存在着与其他结构部件配合装配的问题，因此多层电路板的外形与尺寸，必须以产品整机结构为依据。层数方面，必须根据电路性能的要求、板尺寸及线路的密集程度而定。对多层电路板来说，以四层板、六层板的应用最为广泛。以四层板为例，由两个信号层、一个电源层和一个接地层组成，如图 4 – 19 所示。多层电路板的各层应保持对称，因为不对称的层压，板面容易产生翘曲，特别是对表面贴装的多层电路板，因此，最好选用偶数的覆铜层，即四、六、八层等。

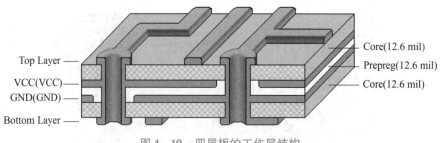

图 4 – 19 四层板的工作层结构

2. 多层电路板中元器件的位置及摆放方向

多层电路板中元器件的位置和摆放方向，首先应从电路原理方面考虑，配合电路的走向。摆放得合理与否，将直接影响该电路板的性能，特别是高频模拟电路，对器件的位置及摆放要求更加严格。因此，在决定整体布局时，应该对电路原理进行详细的分析，先确定特殊元器件（如大规模 IC、大功率管、信号源等）的位置，然后安排其他元器件，尽量避免可能产生干扰的因素。

3. 布线区的要求

通常多层电路板的布线是按电路功能进行的，在外层布线时，要求在焊接面布线，元器件面较少布线，有利于电路板的维修和排故。细、密导线和易受干扰的信号线，通常安排在内层。大面积的铜箔应比较均匀地分布在内、外层，这将有助于减小板子的翘曲度，也使电镀时在表面获得较均匀的镀层。为防止外形加工时或机械加工时对印制导线和层间造成短路，内外层布线区的导电图形离板边缘的距离应大于 50 mil。

4. 导线走向及线宽的要求

多层电路板走线需要把电源层、地层和信号层分开，以减少电源、地、信号之间的干扰。相邻两层印制板的线条应尽量相互垂直或走斜线、曲线，不能走平行线，以减少基板的层间耦合和干扰。导线应尽量走短线，特别是对小信号电路来讲，线越短，电阻越小，干扰越小。同一层上的信号线，改变方向时应避免锐角拐弯。导线的宽窄应根据该电路对电流及阻抗的要求来确定，电源输入线应大些，信号线可相对小一些。对一般数字信号的电路板来说，电源输入线线宽可采用 50～80 mil，信号线线宽可采用 6～10 mil。布线时还应注意线条的宽度要尽量一致，避免导线突然变粗及突然变细，有利于阻抗的匹配。

5. 钻孔大小与焊盘的要求

多层电路板上的元器件钻孔大小与所选用的元器件引脚尺寸有关，钻孔过小，会影响器件的插装及上锡；钻孔过大，焊接时焊点不够饱满。一般来说，钻孔的孔径及焊盘大小的计算方法为

$$钻孔的孔径 = 元件引脚直径（或对角线） + （10～30 \ mil）$$

6. 电源层、地层分区及花孔的要求

对于多层电路板来说，最少需要有一个电源层和一个地层。由于电路板上所有的电压都接在同一个电源层上，所以必须对电源层进行分区隔离，分区线一般采用 20～80 mil 的线宽为宜，电压越高分区线应越粗。焊盘、过孔与电源层和地层的连接处，为增加其可靠性且减少焊接过程中大面积金属吸热而产生虚焊，一般连接盘都设计成花孔形状。

4.2.2　多层电路板的设计

当电路比较复杂并且对 PCB 尺寸要求较严时，应该采用多层电路板进行设计。设计多层电路板的布局和布线的操作，基本与双层电路板相似。在本任务中介绍多层电路板设计中至关重要的中间层的设置和内电层分割的相关知识。

1. 设置工作层和内电层属性

切换到 PCB 编辑环境下，单击"设计"菜单→"层堆栈管理器"命令，弹出如图 4-20 所示对话框。AD 软件默认的电路板是双层板，因此对话框中的布线层只有两层。添加工作层之前需要先选中一个工作层，选择 Top Layer，右击，在弹出的对话框中选择"Insert layer below"，弹出如图 4-21 所示选项内容，其含义分别为：

（1）Signal：信号层，又叫正片层，同 Top Layer 和 Bottom Layer 一致。

（2）Plane：负片层，专用于四层板以上的电源或地走线。

（3）Core：制作板的基础材料，双面包铜，具有一定的硬度及厚度。

（4）Prepreg：用于多层电路板的内层导电图形的粘合材料及绝缘材料。

这里我们选择 Signal 或 Plane。AD 软件通常默认一次添加两层相同类型的内电层，如图 4-22 所示。如果设计者想设置内电层不同的类型，一层是 Signal，另一层是 Plane，只需要单击软件右下角的"Panels"选项，选择 Properties，弹出如图 4-23 所示对话框。在弹出来的对话框中取消"Stack Symmetry"复选框的勾选即可实现。

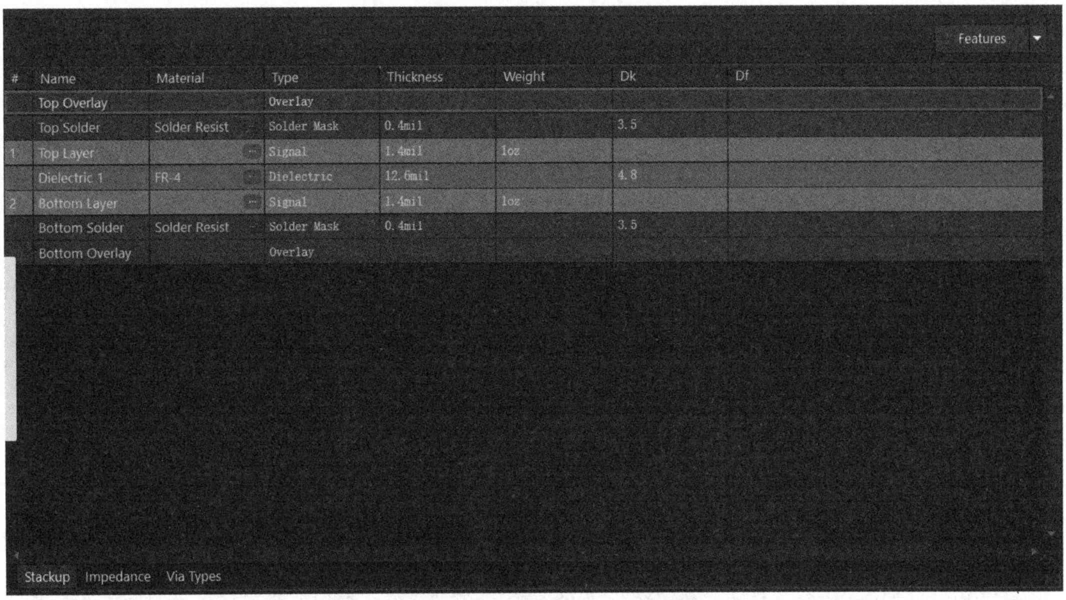

图 4-20　"层堆栈管理器"对话框

2. 显示新增的内电层

添加好目标层后，可以双击修改层的名字，如图 4-24 所示，设置了 VCC 和 GND 两层，单击"保存"按钮。可以看到 PCB 编辑环境下工作区底部增加了 VCC 和 GND 两层，如图 4-25 所示。

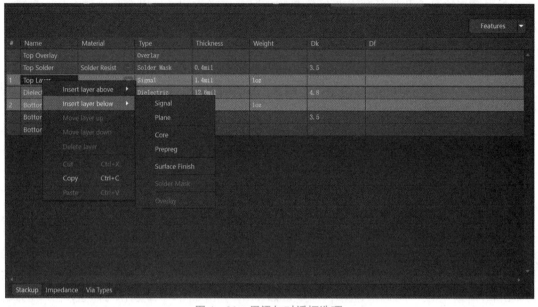

图 4 – 21　层添加对话框选项

图 4 – 22　添加工作层

图 4 – 23　"Properties" 对话框

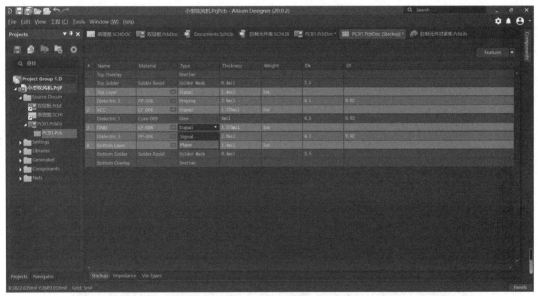

图 4 – 24　添加 VCC 和 GND 工作层

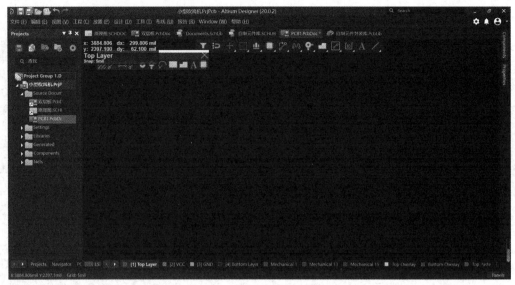

图 4-25　VCC 和 GND 工作层添加成功

3. 分割内电层

当 Top Layer 与 Bottom Layer 层没有足够的空间来布置信号线，又不想增加更多的信号层时，可以将这些信号线布置在内电层上。在电子线路板文件中，单击内电层标签 VCC，单击"放置"菜单→"线"命令，在当前的内电层上划分几个封闭的区域。双击任意一个封闭区

域，弹出如图 4-26 所示"Split Plane［mil］"对话框，

图 4-26　"Split Plane［mil］"对话框

从下拉框选择相应的网络。以本项目为例，在内电层 VCC 上分割两个封闭区域，并分别与电路板上的 VCC 网络和 VDD 网络相连。分割"VCC"内电层后的两个封闭区域如图 4-27 所示。

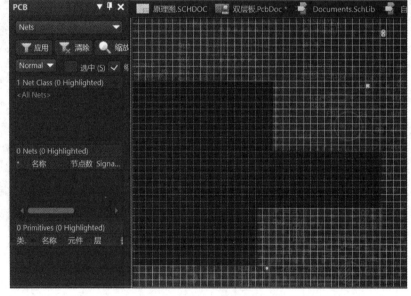

图 4-27　分割"VCC"内电层后的两个封闭区域

注意：一般不要在 GND 层做内电层的分割，应尽量保持 GND 层的完整性，提高抗干扰能力。

4.2.3　设计电子线路板文件时常用的键盘快捷键

设计电子线路板文件时常用的键盘快捷键如表 4 – 2 所示。

表 4 – 2　设计电子线路板文件时常用的键盘快捷键

键盘快捷键	功能
Backspace	删除布线过程中的最后一个布线的转角
Ctrl + G	启动捕获网络设置对话框
Ctrl + H	选取连接的铜膜走线
Ctrl + Shift + 单击	断开走线
Ctrl + M	测量距离
G	弹出捕获栅格菜单
L	启动设置工作板层及颜色对话框
M + V	垂直移动分割的内电层
N	在移动元件同时隐藏预拉线
O + D	启动 Preferences 对话框中的 Show/Hide 选项卡
Q	切换公制和英制单位
Shift + R	在三种布线模式之间进行切换
Shift + E	打开或关闭电气网络
Shift + Space	切换布线过程中的布线拐角模式（顺时针旋转浮动的对象）
Shift + s	打开或关闭单层显示模式
Space	改变布线过程中的开始或结束模式（逆时针旋转浮动的对象）
+	将工作层切换到下一个工作层（数字键盘）
–	将工作层切换到上一个工作层（数字键盘）

项 目 练 习

1. 绘制如图 4 – 28 所示的原理图文件并设计如图 4 – 29 所示的电路板文件。

（1）新建 PCB 项目文件"LX1. PcbPrj"，并在此项目中新建原理图文件"LX1. SchDoc"，绘制如图 4 – 28 所示的原理图文件。原理图的工作环境要求是：图纸大小为 A2；图纸方向设为纵向放置；图纸底色设为白色；标题栏设为 Standard 形式；栅格形式设为点状的且颜色设为 10 色号，边框颜色设为蓝色；根据实际元件选择合适的原理图元件封装；进行原理图编译并修改，保证原理图正确；生成原理图元器件清单和网络表文件；进行 ERC 电气规则检查，并对电路图中出现的错误进行修改；生成网络表和元器件材料清单。

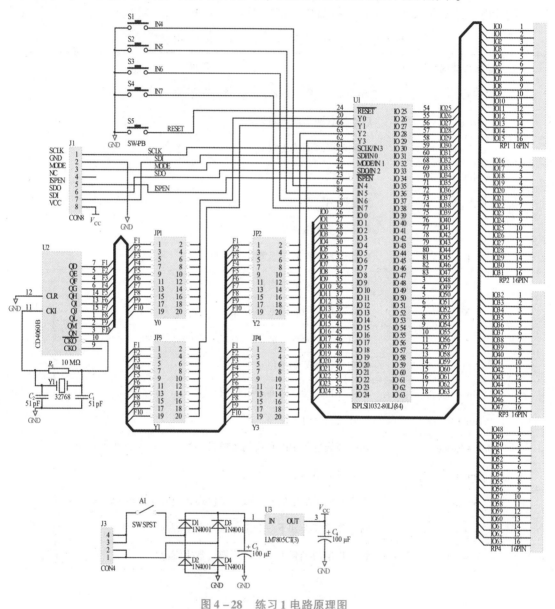

图 4 – 28 练习 1 电路原理图

（2）制作原理图的双层电子线路板文件。在"LX1. PcbPrj"项目文件中，新建"LX1. PcbDoc"文件并设计相应的电路板。电子线路板文件的具体设计要求是：应用英制单位设计，在电路板工作区中不显示图纸，使用双层电子线路板，电路板外形尺寸是5 800 mil × 3 280 mil；新建一个自制封装元件库文件"LX1. PcbLib"，并在此文件中设计如

图 4 –29 所示的自制元件封装 ANNIUKAIGUAN、SHUMAGUAN、PGA84 × 13；根据电子元件布局工艺进行自动布局和手动布局；添加接地和电源焊盘；设计自动布线规则（电源和地线网络宽为 20 mil，其余网络线宽为 10 mil，优先布置接地和电源网络走线，安全距离自行设置），进行自动布线并配合手工调整；进行补泪滴设置；设计规则检查无误；生成光绘文件。设计好的电路板文件如图 4 –30 所示。

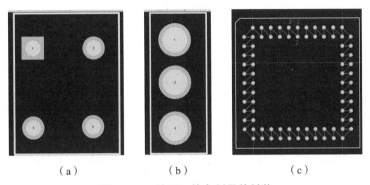

（a）　　　　　　　（b）　　　　　　（c）

图 4 –29　练习 1 的自制元件封装

（a）ANNIUKAIGUAN；（b）SHUMAGUAN；（c）PGA84 × 13

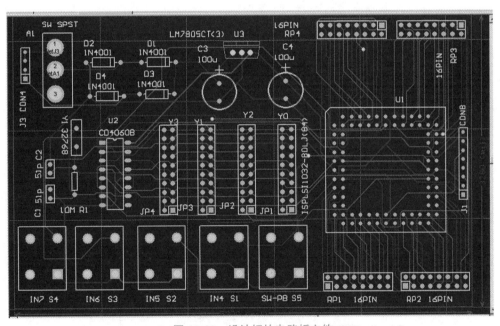

图 4 –30　设计好的电路板文件

2. 绘制如图 4 –31 所示的原理图文件并设计其电路板文件。

（1）新建 PCB 项目文件"LX2. PcbPrj"，并在此项目中新建原理图文件"LX2. SchDoc"，绘制如图 4 –31 ~ 图 4 –33 所示的层次原理图的主图文件和子图文件。进行自动标注，进行 ERC 检测，生成网络表和元器件材料清单。

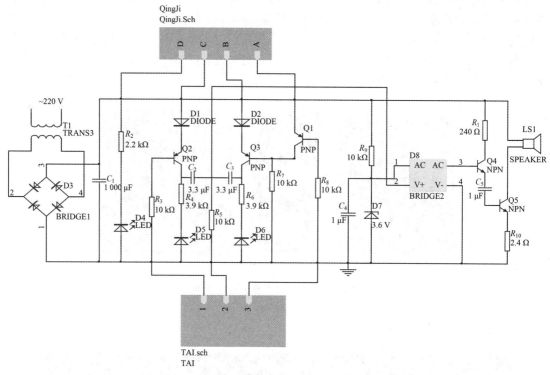

图 4-31 练习 2 主图文件 "LJ42. SchDoc" 原理图

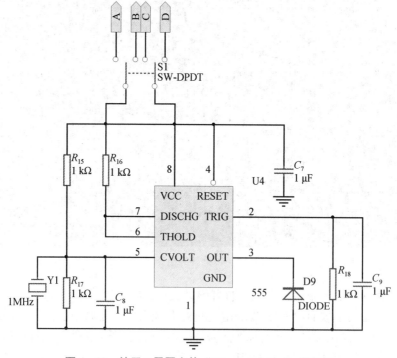

图 4-32 练习 2 子图文件 "Qingli. SchDoc" 原理图

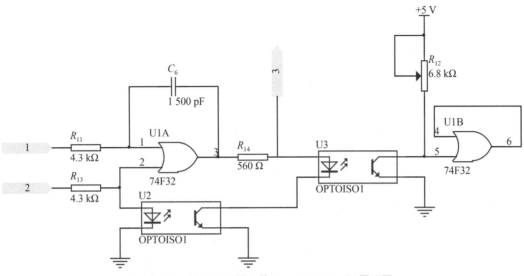

图 4-33　练习 2 子图文件 "TAI. SchDoc" 原理图

（2）在当前项目中新建自制元件封装库文件 "LX2. PcbLib"，如图 4-34 所示，SW-DPDT元器件的封装类型为 "KG"，元器件封装外形长为 300 mil，宽为 160 mil。焊盘外径为 40 mil，内径为 20 mil，形状为圆形。

（3）采用向导生成双层电子线路板，板卡长为 7 500 mil，宽为 6 500 mil。将其 Title block and Scale、Legend String、Inner Cutoff 去掉。采用插针式元件，元器件焊盘间允许走两条导线，过孔类型为通孔。最小铜膜线走线宽为 10 mil，电源地线的铜膜线宽为 20 mil。人工布置元件，自动布线（所有导线都布置在底层上）。添加 GND 电源和 VCC 电源焊盘，形状为八角形，并进行 DRC 检测。生成元件表和网络表，并设置整板、电源和地线的线宽。

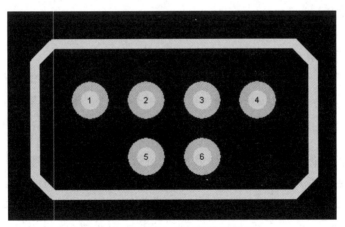

图 4-34　练习 2 自制元件封装 KG

项目 5

测距器电路板设计与制作

本项目以测距器为载体，以测距器的电子线路板设计与制作的实际工作过程为导向，介绍使用 AD 软件绘制层次原理图、设计电路板的综合操作方法。具体内容包括层次原理图绘制、电气规则检查、层次电路设计、设置电子线路板文件工作环境参数、规划电路板、元件布局、元件布线等知识和技巧。通过本项目的学习，学生可以根据实际要求，设计出符合电路功能要求和电子线路板工艺要求的单层电子线路板，使学生对电子线路板的设计方法有全面的认识和掌握。

⚙ 项目目标

能熟练绘制层次原理图、对原理图进行电气规则检查，能根据原理图进行电子线路板设计，能够进行合理的电子线路板布局和布线，能够根据设计规则检查信息提示来修改电子线路板中错误，能够熟练生成相关报表文件。

⚙ 项目描述

随着科学技术的快速发展，测距器得到越来越广泛的应用，如倒车雷达，建筑工地测量液位、井深、管道长度等都采用测距器。本项目介绍无线测距器的原理图和PCB 图的设计方法。无线测距器电路分为 AD 转换电路、编解码电路、CAN 总线通信电路和 DSP 电路四个部分，本项目结合测距器电路来说明绘制层次及设计 PCB 图的方法。

本项目设计的具体要求是：根据如图 5-1 所示测距器电路框图来设计电路，项目文件为"测距器电路.PrjPcb"，主控模块电路文件为"主电路.SchDoc"，子原理图文件分别为"CAN 总线通信电路.SchDoc""AD 转换电路.SchDoc""编解码电路.SchDoc""DSP 电路.SchDoc"，原理图元件库文件为"DSP 应用系统.SchLib"，电子线路板文件为"DSP 应用系统.PcbDoc"，自制元件封装库文件为"DSP 应用系统.PcbLib"。制作完成的超声波测距器控制电路板实物如图 5-2 所示。学生可以根据实际情况选用基础项目篇中合适的电路板制作方法，在此不再说明此方面的内容。

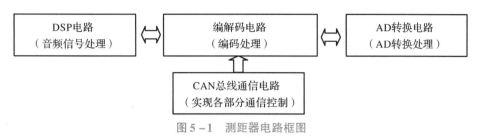

图 5 - 1　测距器电路框图

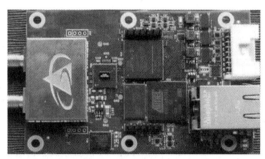

图 5 - 2　制作完成的超声波测距器控制电路板实物

项目分析

无线测距的原理是基于无线电波的传播特性，通过测量无线电波从发射器到接收器之间的时间延迟来计算目标物体的距离。无线测距器主要应用于：

（1）航空航天领域，通过无线测距可以实现飞机、卫星等定位及导航，测量控制飞行器与地面站或其他飞行器之间的距离。

（2）海洋领域，通过无线测距可以测量船只与陆地或船只与船只之间的距离，实现海上导航、航行规划和海上交通安全。

（3）电信领域，通过无线测距可以用于移动通信系统的基站定位，测量移动设备与基站之间的距离，实现无线通信的精准定位和跟踪。

（4）自动驾驶领域，通过无线测距可以用于车辆和环境的预知，测量车辆与周围物体之间的距离，实现对车辆运行和安全的控制。

（5）军事领域，通过无线测距可以用于目标定位和火力调整，测量军事设备与目标之间的距离，实现精准打击目标和优化战术行动。

按照测距器的工作原理和本项目描述中的具体要求，要先绘制层次原理图的子图，再由原理图生成主控模块电路，最后进行电子线路板图的设计。

任务 5.1　绘制测距器控制电路原理图

新建电子线路板项目文件"测距器电路 . PrjPcb"，添加原理图文件"CAN 总线通信电路 . SchDoc""AD 转换电路 . SchDoc""编解码电路 . SchDoc""DSP 电路 . SchDoc"和原理图元件库文件"DSP 应用系统 . SchLib"。根据图 5 - 3 ~ 图 5 - 6 所示电路原理图，在电路原理图文件中进行工作环境设置、放置元器件、设置元器件属性、绘制原理图自制元件、调整对象布局、连接线路、编译原理图文件、生成网络表文件等操作，以实现测距器电路原理图的功能。新建主图文件"主电路 . SchDoc"，按照图 5 - 7 生成层次原理图的主图文件。

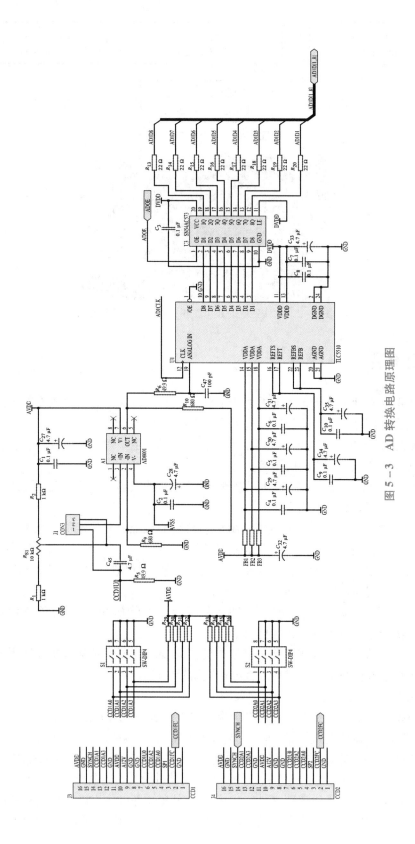

图 5 - 3　AD 转换电路原理图

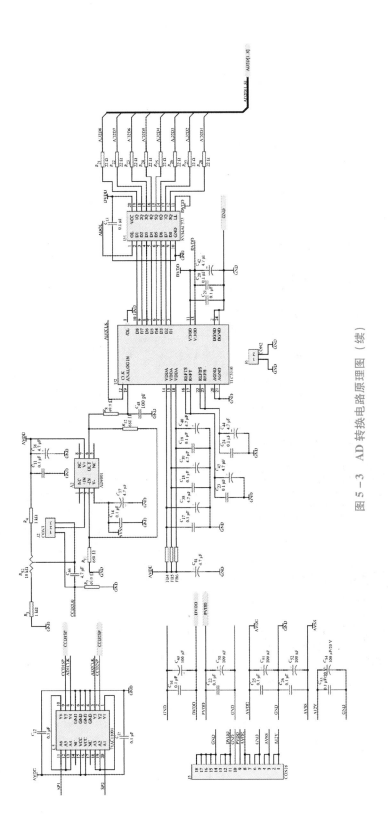

图 5 - 3　AD 转换电路原理图（续）

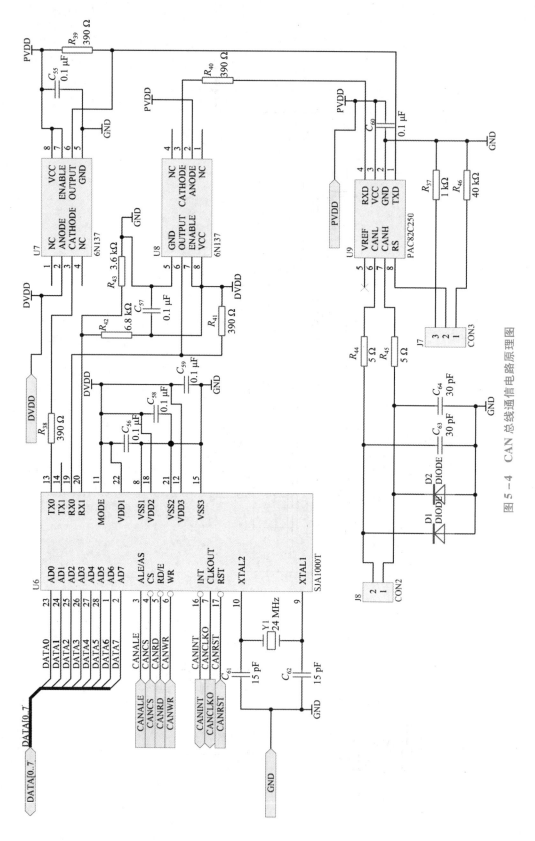

图 5 - 4　CAN 总线通信电路原理图

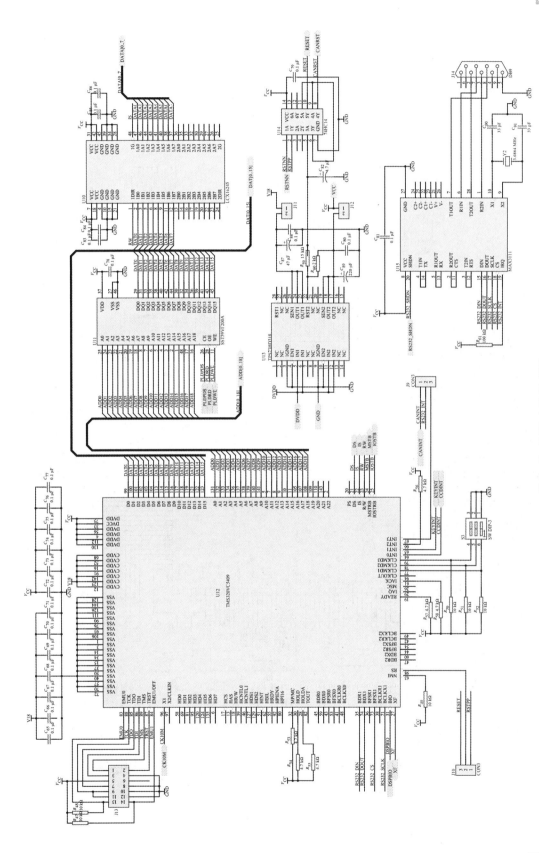

图 5-5　DSP 电路原理图

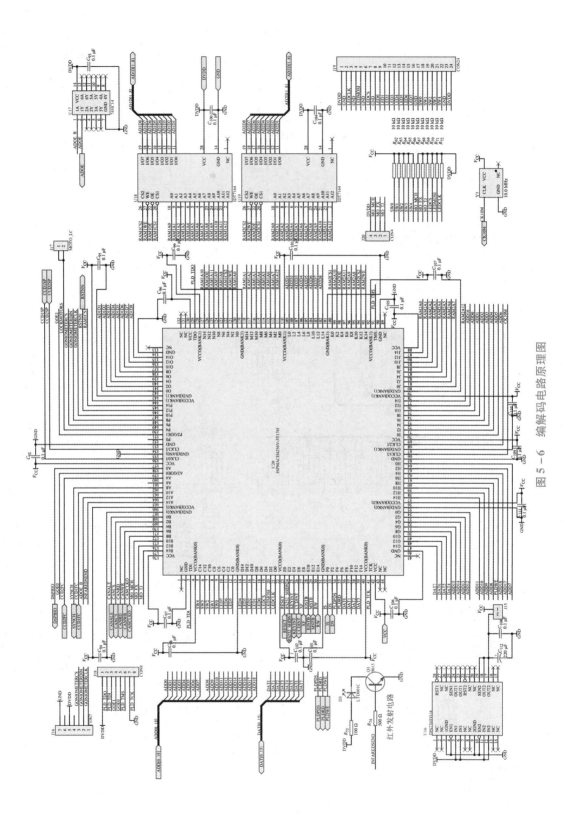

图 5 - 6 编解码电路原理图

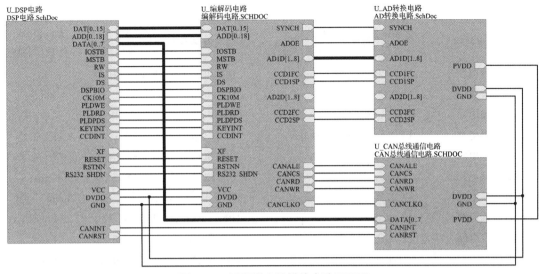

图 5 - 7　测距器主控模块电路原理图

任务 5.2　设计测距器电路板

在任务 5.1 的项目文件中新建电子线路板文件"DSP 应用系统 . PcbDoc"和自制元件封装库文件"DSP 应用系统 . PcbLib"，在 PCB 文件中设置双层电路板外形和工作层、用原理图更新 PCB 文件、设置布线规则、绘制自制元件封装、元件布局与布线、设计规则检查、生成工作层文件和报表文件等操作，以实现电路板设计。

项目实施

任务 5.1　绘制测距器控制电路原理图

任务描述

本任务要求新建 PCB 项目文件"测距器电路 . PrjPcb"、主图文件"主电路 . SchDoc"和子原理图文件"CAN 总线通信电路 . SchDoc""AD 转换电路 . SchDoc""编解码电路 . SchDoc""DSP 电路 . SchDoc"。

对绘制原理图的具体要求是：图纸大小设为 A4；图纸方向设为横向放置；图纸底色设为白色；标题栏设为 ANSI 形式；栅格形式设为点状的且颜色设为 17 色号，边框颜色设为深绿色；使用软件提供的系统元件库器件，可对原理图中元件进行简单修改；根据实际元件选择原理图元件封装；进行原理图编译并修改，保证原理图正确；生成原理图元器件清单和网络表文件。完成的子原理图文件"AD 转换电路 . SchDoc""CAN 总线通信电路 . SchDoc""DSP 电路 . SchDoc""编解码电路 . SchDoc"和主图文件"主电路 . SchDoc"电路图，分别如图 5 - 3、图 5 - 4、图 5 - 5、图 5 - 6、图 5 - 7 所示；方块电路输入输出点特性如表 5 - 1 所示。

表 5－1　方块电路输入输出点特性

方块电路名称	方块电路 I/O 端口名称	方块电路 I/O 端口特性	方块电路名称	方块电路 I/O 端口名称	方块电路 I/O 端口特性
AD 转换电路	SYNCH	Input	DSP 电路	RS232_SHDN	Input
AD 转换电路	ADOE	Input	DSP 电路	VCC	Output
AD 转换电路	AD1D[1..8]	Bidirectional	DSP 电路	DVDD	Input
AD 转换电路	CCD1FC	Output	DSP 电路	GND	Input
AD 转换电路	CCD1SP	Output	DSP 电路	CANINT	Input
AD 转换电路	AD2D[1..8]	Bidirectional	DSP 电路	CANRST	Output
AD 转换电路	CCD2FC	Output	编解码电路	DAT[0..15]	Bidirectional
AD 转换电路	CCD2SP	Output	编解码电路	ADD[0..18]	Input
AD 转换电路	PVDD	Output	编解码电路	IOSTB	Input
AD 转换电路	DVDD	Output	编解码电路	MSTB	Input
AD 转换电路	GND	Input	编解码电路	RW	Input
CAN 总线通信电路	CANALE	Input	编解码电路	IS	Input
CAN 总线通信电路	CANCS	Input	编解码电路	DS	Input
CAN 总线通信电路	CANRD	Input	编解码电路	DSPBIO	Output
CAN 总线通信电路	CANWR	Input	编解码电路	CK10M	Output
CAN 总线通信电路	CANCLKO	Output	编解码电路	PLDWE	Output
CAN 总线通信电路	DATA[0..7]	Bidirectional	编解码电路	PLDRD	Output
CAN 总线通信电路	CANINT	Output	编解码电路	PLDPDS	Output
CAN 总线通信电路	CANRST	Input	编解码电路	KEYINT	Output
CAN 总线通信电路	DVDD	Input	编解码电路	CCDINT	Output
CAN 总线通信电路	GND	Input	编解码电路	XF	Input
CAN 总线通信电路	PVDD	Input	编解码电路	RESET	Input
DSP 电路	DAT[0..15]	Bidirectional	编解码电路	RSTNN	Output
DSP 电路	ADD[0..18]	Output	编解码电路	RS232_SHDN	Output
DSP 电路	DATA[0..7]	Bidirectional	编解码电路	VCC	Input
DSP 电路	IOSTB	Output	编解码电路	DVDD	Input
DSP 电路	MSTB	Output	编解码电路	GND	Input
DSP 电路	RW	Output	编解码电路	SYNCH	Output
DSP 电路	IS	Output	编解码电路	ADOE	Input
DSP 电路	DS	Output	编解码电路	AD1D[1..8]	Bidirectional
DSP 电路	DSPBIO	Input	编解码电路	CCD1FC	Output
DSP 电路	CK10M	Input	编解码电路	CCD1SP	Output
DSP 电路	PLDWE	Input	编解码电路	AD2D [1..8]	Bidirectional
DSP 电路	PLDRD	Input	编解码电路	CCD2FC	Input
DSP 电路	PLDPDS	Input	编解码电路	CCD2SP	Input
DSP 电路	KEYINT	Input	编解码电路	CANALE	Output

方块电路名称	方块电路 I/O 端口名称	方块电路 I/O 端口特性	方块电路名称	方块电路 I/O 端口名称	方块电路 I/O 端口特性
DSP 电路	CCDINT	Input	编解码电路	CANCS	Output
DSP 电路	XF	Output	编解码电路	CANRD	Output
DSP 电路	RESET	Output	编解码电路	CANWR	Output
DSP 电路	RSTNN	Input	编解码电路	CANCLKO	Input

◎ 任务目标

本任务的目标是使用 AD 软件绘制测距器的四个子原理图和层次电路主模块电路，为下一个任务做好准备。通过完成本任务的实际操作，学生掌握根据要求绘制电路原理图的操作方法。

◎ 任务实施

5.1.1　控制电路原理图绘制

1. 启动 AD 软件

从 Windows "开始"菜单单击"程序"→"DXP 2004"，启动 AD 软件。

2. 新建 PCB 项目文件并保存

单击"File"菜单→"New"→"Project"→"PCB Project"命令，创建 PCB 项目文件。单击"File"菜单→"Save Project"命令，选择保存路径，输入项目文件名"测距器电路"，单击"保存"按钮。

3. 在当前项目中新建控制电路原理图文件

选择"测距器电路 . PrjPcb"项目文件，右击，在弹出的快捷菜单中选择"添加…到工程"→"Schematic"命令，创建原理图文件。单击"File"菜单→"Save"命令，在弹出的"保存原理图文件"对话框中输入文件名"AD 转换电路"，文件类型默认为". SchDoc"，单击"保存"按钮。

4. 设置图纸格式

单击"Design"菜单→"File Document"命令，设定图纸类型为 B 号。图纸方向选择"Portrait"纵向，其他选项默认不修改。

5. 加载元件库

单击原理图工作区的 Library（元件库管理器）操作面板，再单击其上的"Libraries"按钮，弹出"加载元件库"对话框，把绘图需要的元件库添加进来。

6. 创建并放置元件

单击"File"菜单→"New"→"Library"→"Schematic Library"命令，在元件编辑界面空白处右击，在弹出的原理图快捷菜单中选择"Place"→"Rectangle"命令，箭头光标下方出现十字形，在工作区的中心处单击确定矩形的第一个顶点，移动光标，在适当位置单击确定第二个顶点，即可放置当前元件外形。右击，退出放置矩形状态。在元件编辑工作区空白处右击，选择快捷菜单中的"Place"→"Pin"命令。出现随光标移动的引脚，在适当的位置放置引脚，注意引脚名放在元件里面，依次放置所有引脚。编辑引脚名"Display Name"和引脚号"Designator"。制作完成的元件如图5-8所示。把新建的TLC5510放置到原理图中，修改元件参数。同样的方法制作其余自制元器件，如图5-9所示，并修改好元器件参数。

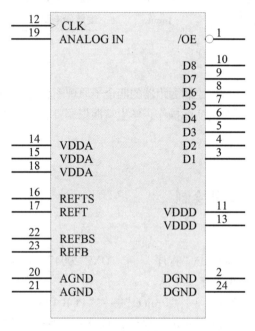

图5-8　TLC5510电气图形符号

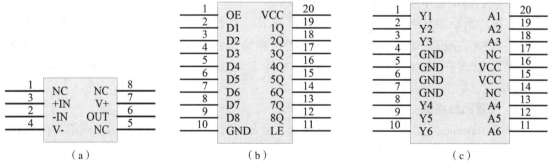

（a）　　　　　　　（b）　　　　　　　（c）

图5-9　AD转换电路中自制原件

（a）AD8001；（b）SN54AC573；（c）74AC11004

7. 放置原理图中其余元件

放置电阻、电容、插针连接器、按钮、集成块等元件并设置元件参数。元件参数如表5-1所示。

8. 调整原理图中元件位置

直接用单击的方法调整原理图中元件位置，右击，结束调整位置操作。AD转换电路元件摆放图如图5-10所示。

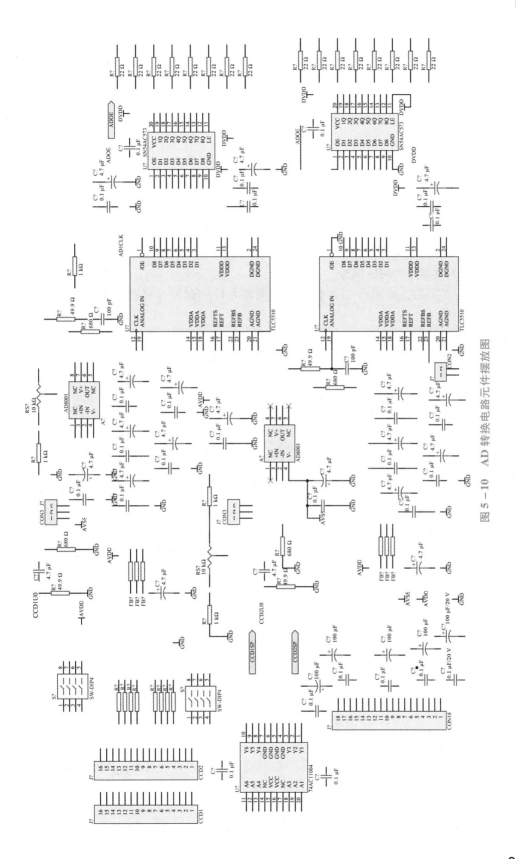

图 5－10　AD 转换电路元件摆放图

9. 连接线路并放置结点

根据图 5-3 在各元件引脚之间连线并相应的放置结点，右击，退出放置导线状态。

10. 放置电源、接地符号、注释文字和网络标号

根据图 5-3 在图中相应位置放置电源符号、接地符号、网络标号、注释文字。

注意：在原理图中的注释文字没有电气特性，而网络标号具有电气特性，两者不能混用。

11. 放置 I/O 端口符号

在原理图工作区的空白处，右击，在弹出的快捷菜单中选择"Place"→"Port"命令。双击放置好的端口符号，在弹出的对话框中设置端口属性。在"Name"文本框输入端口名称，在"I/O Type"文本框输入端口特性。各原理图中端口输入、输出特性如表 5-1 所示。

12. 整理元件编号和网络编号

电路图绘制完后，要进行相关整理，如调整元件的标号、名称，调整网络标号的位置等。

13. 原理图电气规则检查

对绘制完成的电路原理图进行电气规则检查，根据检查结果修改原理图。

5.1.2　CAN 总线通信电路原理图绘制

（1）在当前项目中新建子图文件"CAN 总线通信电路 . SchDoc"。

（2）设置图纸格式参数。

单击"工具"菜单→"原理图优先项"命令，设定图纸类型为 B 号，图纸方向选择横向。其他选项，默认不修改。

（3）放置原理图中元件。

根据图 5-4 放置电阻、电容、二极管、晶振和集成块等元件。双击相应的元件，在弹出的元件属性对话框中设置元件参数。

（4）调整原理图中元件位置。

单击"编辑"菜单→"移动"中的相关选项，调整原理图中元件位置。右击，结束调整位置操作。调整好位置的原理图如图 5-11 所示。

（5）连接线路。

根据图 5-4 在各元件间连线。

（6）放置电源、接地符号、I/O 端口，注释文字和网络标号。

单击"放置"菜单→"电源端口"命令，放置电源/接地符号并设置其属性。

（7）整理元件标号和网络标号。

电路图绘制完后，要进行相关整理，如调整元件的标号、名称，调整网络标号的位置等。

（8）原理图电气规则检查。

对绘制完成的测量电路进行电气规则检查，根据检查结果修改原理图。

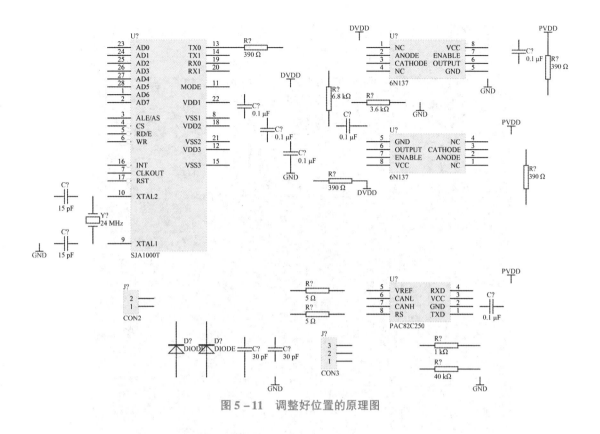

图 5 – 11　调整好位置的原理图

5.1.3　DSP 电路原理图绘制

DSP 电路用来将模拟信号转换为数字信号，其电路元件摆放如图 5 – 5 所示。DSP 电路原理图绘制与其他原理图类似，具体操作过程不再介绍。

5.1.4　编解码电路原理图绘制

编解码电路负责给整个电路数据信号进行变换，其电路如图 5 – 6 所示，具体操作过程不再介绍。

5.1.5　层次电路主控模块电路设计

1. 新建层次图的主图文件

打开项目文件"测距器.PrjPcb"，建立层次图的主图文件"主电路.SchDoc"。

2. 将子图文件转换成方块电路符号

单击"图纸操作"→"Create Sheet Symbol From Sheet"命令，弹出"Choose Document to Place"对话框，如图 5 – 12 所示，对话框内列出了当前项目中的所有原理图。选择"AD 转换电路.SchDoc"原理图，单击"OK"按钮。

图 5 – 12 "Choose Document to Place" 对话框

3. 设置方块电路端口符号属性

选择原理图后，此时箭头光标下方出现十字形，并出现随光标移动的方块电路图，移动鼠标，在适当位置单击，即将方块电路图放置在图中。图 5 – 13 所示为由原理图生成的方块电路图。

4. 同样方法生成电源电路和显示电路的方块电路图

按照上述方法生成的控制方块电路图，如图 5 – 14 所示。

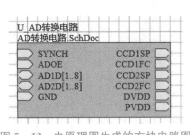

图 5 – 13 由原理图生成的方块电路图

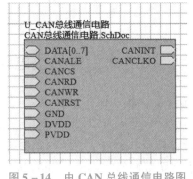

图 5 – 14 由 CAN 总线通信电路图生成的控制方块电路图

5. 绘制层次原理图主图文件

把方块电路中的输入/输出端口符号按对应关系连接起来，如图 5 – 7 所示，这就是层次电路主图文件。在连线之前，可以根据连接关系适当调整输入输出端口符号的位置，以使连线尽量简单。

任务知识

在对原理图进行电气规则检查时，会出现各种错误，下面介绍常见错误及其修改方法。

1. 原理图元件流水号重复

元件流水号不能重复，否则会提示错误，而且在更新 PCB 图时会缺少元件。元件编号重复错误电路如图 5 – 15 所示，提示错误信息界面如图 5 – 16 所示。

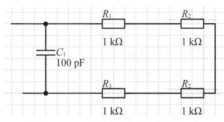

图 5 – 15　元件编号重复错误电路

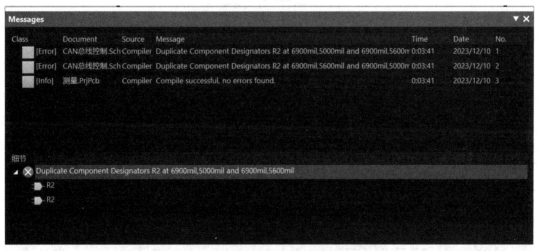

图 5 – 16　提示错误信息界面

修改方法：将重复编号修改成电路中没用过的编号，修改之后的电路如图 5 – 17 所示。

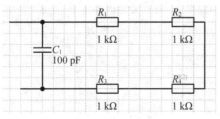

图 5 – 17　修改之后的电路

2. 多余结点

绘制原理图时，若选中自动放置结点选项，在作原理图时会自动加结点。有时会出现多余结点的情况，原因在于连接导线时导线过长，这种情况在 ERC 检查时通常不会提示。如图 5－18 所示，元件 7805 的 1 号管脚处出现多余结点。

修改方法：将导线缩至 1 号管脚顶端，结点自动消失。

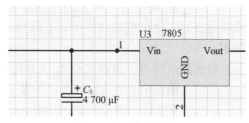

图 5－18　多余结点

3. 放置元件时元件摆放位置不在光标单击处

因为创建元件时，没有在元件库编辑界面中心处创建元件。

修改方法：打开元件编辑界面，将元件选中，移至整个编辑界面的中心，即十字坐标中心处。正确元件编辑界面如图 5－19 所示。

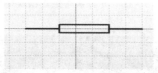

图 5－19　正确元件编辑界面

4. 原理图自制元件引脚属性错误

在制作元件和编辑元件时若设置了元件引脚为输入特性，即 Electrical 选项设置为 Input，在绘制原理图时改引脚一定要接元件或电源和接地符号等，否则会提示错误。错误电路图如图 5－20 所示，错误提示信息如图 5－21 所示。

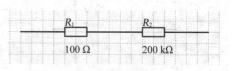

图 5－20　错误电路图

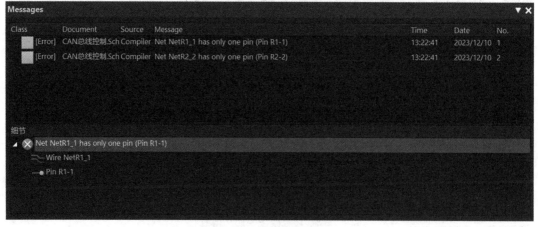

图 5－21　错误提示信息

修改方法：可以将元件引脚电气特性修改为 Passive 或者连接信号。修改后的电路如图 5 - 22 所示，再进行 ERC 检查，无错误。

图 5 - 22　修改后的电路

任务 5.2　设计测距器电路板

任务描述

在当前项目文件中新建电子线路板文件"DSP 应用系统 . PcbDoc"。采用双层板设计电路板，若有走不通处可在焊接电路时使用跳线。进行环境参数设置、由原理图生成电路板图、设置布线规则、元件布局、手动布线、设计规则检查、生成工作层文件和报表文件等操作。制作完成的测距器控制电路板实物如图 5 - 23 所示。

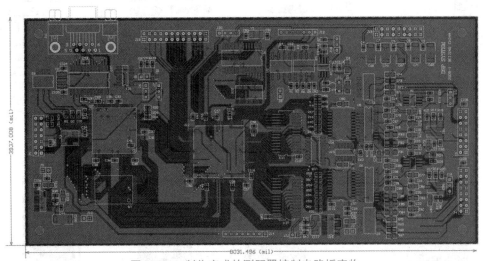

图 5 - 23　制作完成的测距器控制电路板实物

任务目标

本任务是在任务 5.1 的原理图基础上，使用 AD 软件绘制测距器电路板。通过本任务的实际操作，学生掌握 PCB 图的设计方法。

任务实施

1. 新建元件封装库文件

在当前项目文件中新建一个元件封装库文件，在该元件封装库文件中绘制元件封装项目文件所需要的元器件封装。测距器电路板中元件封装器件如图 5 - 24 所示。

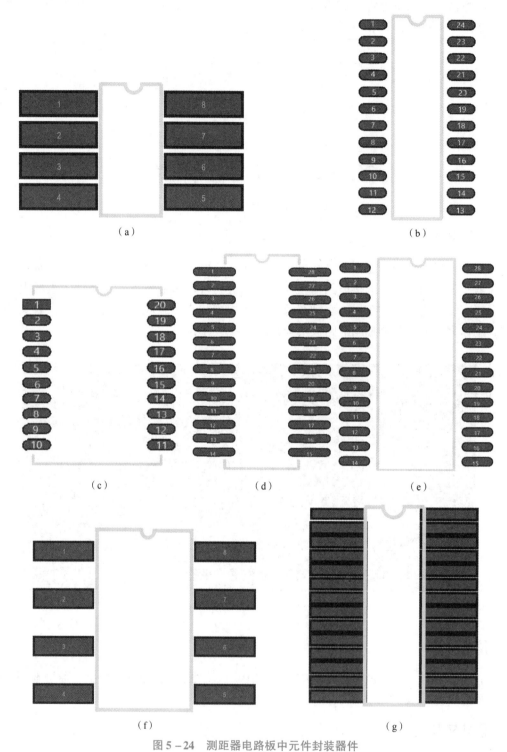

图 5 - 24　测距器电路板中元件封装器件

(a) D_S08；(b) TLC5510；(c) SOJ20/300；(d) SOJ - 28 (7164)；

(e) D_S028；(f) 6N137；(g) SOP28 (TPS73HD301)

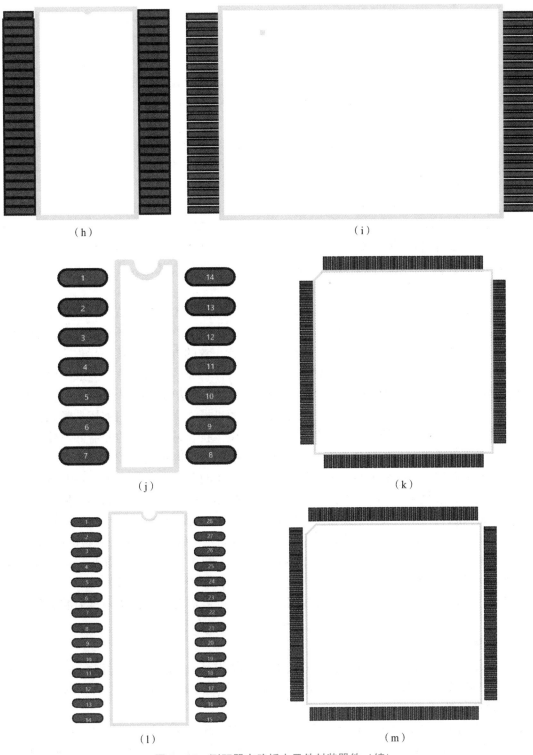

图 5 - 24　测距器电路板中元件封装器件（续）

（h）SSOP48；（i）TSOP48（SST39VF200A）；（j）SO - 14；（k）TQFP144；（l）D_SO28；（m）D_TQFP176

2. 新建 PCB 文件

打开当前项目文件"测距器 . PrjPcb",在其中新建电子线路板文件"DSP 应用系统 . PcbDoc"。

3. 规划电路板

本设计对成品的尺寸要求不严,因此电路板的尺寸可以设置得稍大些,当布线结束后再做调整。电路板设置为矩形,尺寸为 8 000 mil × 4 000 mil。

4. 导入工程变更指令并根据提示信息进行修改

在当前 PCB 文件编辑器中,单击"设计"菜单→"Update PCB Document 测距器电路 . PcbDoc",导入工程变更指令。根据系统提示信号框,修改错误信息,直至无误。

5. 综合布局

采用自动布局和手动布局相结合的方式进行综合布局。在 PCB 文件工作区中,单击"编辑"菜单→"移动"→"移动"命令,此时箭头光标下方出现十字形。移动光标至元件上单击,此时元件随光标移动。移动光标至合适位置后单击,即把元件放到指定位置。在移动元件的过程中,按空格键可以随时旋转元件。继续单击其他元件,可以继续调整其他元件位置。右击,退出移动元件状态。

在元件综合布局时主要考虑后面的原则:元件应尽量紧密排列、整齐,以减小电路板的尺寸,降低产品成本;元件布局要考虑布线方便,尽量减少和缩短各元器件之间的引线和连接,同时要便于信号流通,并使信号尽可能保持一致的方向;以核心元件为中心,围绕它来进行布局;在高频下工作的电路,要考虑元器件之间的分布参数,一般电路应尽可能使元器件平行排列;位于电路板边缘的元器件,离电路板边缘一般不小于 2 mm。电路板尺寸大于 200 mm × 150 mm 时,应考虑电路板所受的机械强度;尽可能缩短高频元器件之间的连线,设法减少它们的分布参数和相互间的电磁干扰。易受干扰的元器件不能相互离得太近,输入和输出元件应尽量远离;某些元器件或导线之间可能有较高的电位差,应加大它们之间的距离,以免放电引起意外短路,带高电压的元器件应尽量布置在调试时手不易触及的地方;质量超过 15 g 的元器件,应当用支架加以固定,然后焊接。那些又大又重、发热量多的元器件,不宜装在电路板上,而应装在整机的机箱底板上,且应考虑散热问题;电位器、可调电感线圈、可变电容器、微动开关等可调元件的布局应考虑整机的结构要求,若是机内调节,应放在电路板上便于调节的地方;若是机外调节,其位置要与调节旋钮在机箱面板上的位置相适应且应留出电路板定位孔及固定支架所占用的位置。

按照以上原则调整元件布局。为了钻孔、焊接方便,需要将焊盘统一改为椭圆形,其外径 X 尺寸为 85 mil,Y 尺寸为 60 mil,孔径尺寸为 32 mil。

6. 设置布线规则

设置安全距离,设置导线宽度,普通导线宽设为 20 mil,电源、地线宽设为 40 mil,设置完成后连接导线,设置布线板层。当前项目使用的是单层板,因此需要选择底层布线。

7. 综合布线

在 PCB 图工作区的空白处右击,在弹出的快捷菜单中选择"Interactive Routing"命令,此时箭头光标下方出现十字形。移动光标到元件引脚处,当出现八角形时单击;移动光标,在拐点处单击;继续移动光标,到终点处双击鼠标来确定终点,右击退出。另外,布线时为了方便,可以把元件的"Designator"和"Comment"内容隐藏起来,布线结束后再显示出来。布线时的注意事项：印制导线拐弯处一般使用钝角或圆弧，而直角或锐角在高频电路中会影响电气性能；尽量避免使用大面积铜箔，否则，长时间受热时易发生铜箔膨胀和脱落现象。必须用大面积铜箔时，最好用栅格状，这种连接导线有利于排除铜箔与基板间黏合剂受热产生的挥发性气体。

按图 5-23 中已有飞线进行连线，先连接普通信号线，再连接地线、电源线。布线时要注意，布线很难一次布通。若布不通，删除个别导线，重新布线，直到布通为止。

8. 调整布线并生成工作层文件

电路板布线结束后看是否有不合适的地方，对其进行修改。另外，若需要可给电路板加定位孔。

9. 设计当前项目中的其余电路板文件

使用同样方法来设计测量电路、显示电路、电源电路的 PCB 图，具体过程不做介绍。

任务知识

下面介绍几个常见错误的处理方法：

1. 网络载入时出现"NODE 没有找到"信息

（1）原理图中的元件使用了 PCB 库中没有的封装。

（2）原理图中的元件使用了 PCB 库中名称不一致的封装。

（3）原理图中的元件使用了 PCB 库中 Pin number 不一致的封装。如三极管，原理图中的引脚序号为 e、b、c，而 PCB 图中的引脚序号为 1、2、3。

2. 打印时总是不能打印到一页纸上

（1）创建 PCB 自制封装库时，没有设置原点。

（2）多次移动和旋转了元件，PCB 界外有隐藏的字符。选择显示所有隐藏的字符，缩小 PCB，再将字符移动至边界内。

3. DRC 报告网络被分成几个部分

表示这个网络没有连通，观察 DRC 报告文件，可使用 Connected Copper 查找相应元件封装。

4. 中间层和内电层

中间层和内电层是两个容易混淆的概念，中间层是指用于布线的中间板层，该层中布的是导线；内电层是由整片的铜膜构成的，通常是指电源层或地线层。一般情况下，不在内电层上布线。

项 目 练 习

1. 绘制图 5-25 所示的原理图，制作自制元件 Z80ACPU 芯片和 74LS138 芯片，元器件库名称为 zibianku. SchLib。由此原理图设计生成如图 5-26 所示的电路板图。

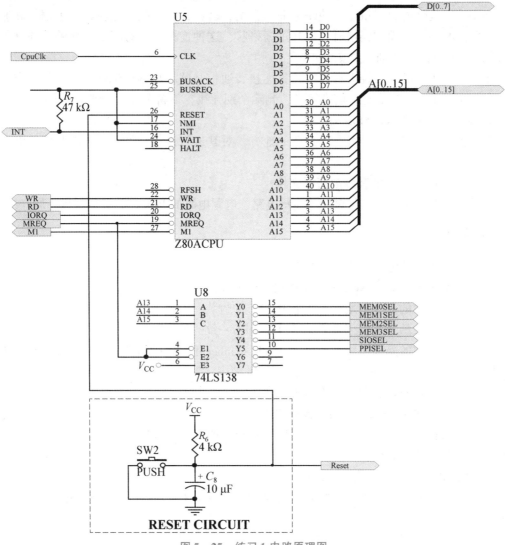

图 5 – 25　练习 1 电路原理图

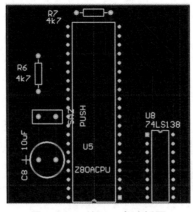

图 5 – 26　练习 1 电路板图

2. 绘制如图 5 - 27 所示的电源滤波电路原理图，由此原理图设计如图 5 - 28 所示的电路板图。

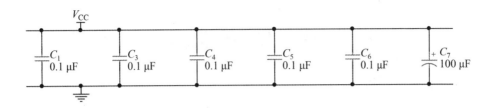

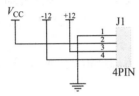

图 5 - 27　练习 2 电路原理图

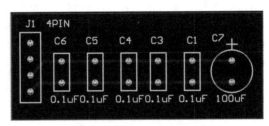

图 5 - 28　练习 2 电路板图

参 考 文 献

[1] 高锐. 印制电路板设计与制作［M］. 北京：中国机械工业出版社，2012.

[2] 高锐，高芳. 电子 CAD 绘图与制版项目教程［M］. 北京：电子工业出版社，2012.

[3] 高锐. Altium Designer 原理图与 PCB 设计项目教程［M］. 北京：中国机械工业出版社，2023.

[4] 孟培，段荣霞. Altium Designer 20 电路设计与仿真从入门到精通［M］. 北京：中国工信出版集团，人民邮电出版社，2021.

[5] 苏立军，闫聪聪. Altium Designer 20 电路设计与仿真［M］. 北京：机械工业出版社，2020.

[6] 李瑞，孟培，胡仁喜. Altium Designer 20 中文版电路设计标准实例教程［M］. 北京：机械工业出版社，2021.

[7] 杜中一. 电子制造与封装［M］. 北京：电子工业出版社，2010.